动载下胶凝砂砾石材料的
非线性行为及损伤特性研究

张献才　著

中国水利水电出版社
www.waterpub.com.cn
·北京·

内 容 提 要

本书以循环动荷载作用下胶凝砂砾石材料的非线性特征为中心，以物理试验为基础，结合非线性损伤理论，重点研究了胶凝砂砾石材料在循环动荷载作用下的力学特性，对其动应力-应变关系、破坏规律、非线性滞回特征及损伤规律等问题展开研究，并建立了相关理论模型。全书共分 6 章，内容包括绪论、胶凝砂砾石材料的试验准备、胶凝砂砾石材料的动力学特性试验研究、胶凝砂砾石材料滞后效应研究、胶凝砂砾石材料的细观滞回模型研究、胶凝砂砾石材料的动损伤特性研究。其中，相关理论模型等内容可为胶凝砂砾石坝的抗震设计及研究提供相关的依据。

本书可供水利水电工程等专业规划、设计与科研人员参考，也可供高等院校研究生与科研院所相关专业技术人员参考使用。

图书在版编目（ＣＩＰ）数据

动载下胶凝砂砾石材料的非线性行为及损伤特性研究/
张献才著. -- 北京：中国水利水电出版社，2020.11
ISBN 978-7-5170-8983-4

Ⅰ．①动… Ⅱ．①张… Ⅲ．①胶凝－砾石－材料力学
－研究 Ⅳ．①P619.22

中国版本图书馆CIP数据核字(2020)第207054号

书 名	动载下胶凝砂砾石材料的非线性行为及损伤特性研究 DONGZAI XIA JIAONING SHALISHI CAILIAO DE FEIXIANXING XINGWEI JI SUNSHANG TEXING YANJIU	
作 者	张献才 著	
出版发行	中国水利水电出版社 （北京市海淀区玉渊潭南路 1 号 D 座　100038） 网址：www.waterpub.com.cn E - mail：sales@waterpub.com.cn 电话：(010) 68367658（营销中心）	
经 售	北京科水图书销售中心（零售） 电话：(010) 88383994、63202643、68545874 全国各地新华书店和相关出版物销售网点	
排 版	中国水利水电出版社微机排版中心	
印 刷	清淞永业（天津）印刷有限公司	
规 格	170mm×240mm　16 开本　9.5 印张　202 千字　6 插页	
版 次	2020 年 11 月第 1 版　2020 年 11 月第 1 次印刷	
印 数	0001—1000 册	
定 价	**49.00 元**	

前言

　　大坝抗震问题一直以来都是水利工程建设中的难点问题，不仅涉及地震荷载的复杂性，还与筑坝材料本身的动力学性能有很大的关系。从材料自身的动力学性能方面着手寻找大坝抗震设计的优化方法，为水利工程的抗震研究提供了有效的思路。鉴于地震荷载的复杂性，在循环荷载作用下研究筑坝材料的力学特性成为研究材料动力学问题的一个突破口，通过动力学性能研究，为胶凝砂砾石坝向永久性高坝工程发展奠定了理论基础。

　　本书以胶凝砂砾石材料的非线性特征为研究重点，对循环荷载作用下胶凝砂砾石材料的动应力-应变关系、破坏规律、非线性滞回特征及损伤规律等问题进行了研究；结合材料的动应力-应变滞回特征，建立了适合于胶凝砂砾石材料的细观滞回理论模型，在非线性损伤力学理论的基础上讨论了胶凝砂砾石材料的动损伤模型，为胶凝砂砾石材料的基础理论研究提供了重要的参考依据。

　　本书在编写过程中，结合相关试验规范及国内外工程实例，总结了近年来相关研究成果，对胶凝砂砾石材料的试验数据进行详细的分析，并在此基础上，研究其动荷载作用下的有关理论分析模型。

本书在研究和编写过程中，借鉴参考了国内外相关资料，在此向所有参考和引用资料的作者表示衷心的感谢！

　　由于编者水平有限，书中难免存在不足和疏漏之处，恳请广大读者给予批评指正。

作者

2020 年 4 月 20 日

前言

第1章　绪论 ··· 1

　1.1　研究背景及意义 ····································· 1

　1.2　胶凝砂砾石材料简介 ··························· 3

　1.3　胶凝砂砾石材料的应用 ····················· 4

　1.4　胶凝砂砾石材料研究现状 ················· 6

　　1.4.1　胶凝砂砾石材料静力特性研究 ········· 6

　　1.4.2　胶凝砂砾石材料动力特性研究 ········· 11

　1.5　主要研究内容 ····································· 13

第2章　胶凝砂砾石材料的试验准备 ········· 15

　2.1　试验材料 ··· 15

　　2.1.1　试验材料选取 ································· 15

　　2.1.2　试验内容及配合比设计 ················· 19

　2.2　动力试验仪器简介 ····························· 23

　2.3　试样制备 ··· 25

　　2.3.1　试验标准 ······································· 25

　　2.3.2　试样制作及养护 ··························· 25

　2.4　本章小结 ··· 28

第3章　胶凝砂砾石材料动力学特性的试验研究 ········· 29

　3.1　变幅循环加载下的动力学特性 ········· 30

　　3.1.1　动强度特性 ··································· 30

　　3.1.2 变形特性 ･･････････････････････････････････････ 32

　　3.1.3 动模量变化规律 ･･････････････････････････････ 39

　3.2 等幅循环加载下的动力学特性 ･････････････････････ 43

　　3.2.1 动强度特性 ･････････････････････････････････ 43

　　3.2.2 等幅加载下的变形特性 ･･･････････････････････ 44

　　3.2.3 动模量变化规律 ･････････････････････････････ 47

　3.3 胶凝砂砾石材料全应力-应变曲线 ･･･････････････････ 49

　3.4 本章小结 ･･････････････････････････････････････ 52

第4章　胶凝砂砾石材料滞后效应研究 ･･･････････････････ 54

　4.1 非线性滞后分析 ･･････････････････････････････････ 54

　　4.1.1 变幅循环加载下非线性滞后分析 ･･･････････････ 55

　　4.1.2 等幅循环加载下非线性滞后分析 ･･･････････････ 57

　4.2 滞回环形态分析 ･････････････････････････････････ 62

　　4.2.1 变幅循环加载下的滞回环形态 ･･･････････････ 63

　　4.2.2 等幅循环加载下的滞回环形态 ･･･････････････ 65

　　4.2.3 滞回环的描述 ･･･････････････････････････････ 66

　4.3 胶凝砂砾石材料的能量演化特征 ･･･････････････････ 71

　　4.3.1 能量演化分析 ･･･････････････････････････････ 72

　　4.3.2 破裂模式 ･･･････････････････････････････････ 76

　4.4 胶凝砂砾石材料阻尼效应研究 ･････････････････････ 80

　4.5 本章小结 ･･････････････････････････････････････ 84

第5章　胶凝砂砾石材料的细观滞回模型研究 ･･･････････････ 86

　5.1 基于 P‐M 空间理论的细观滞回模型 ･･･････････････ 87

　　5.1.1 P‐M 细观模型理论 ･･･････････････････････････ 87

　　5.1.2 细观滞回模型的建立 ･････････････････････････ 89

　　5.1.3 参数拟定及敏感性分析 ･･･････････････････････ 90

　5.2 胶凝砂砾石材料的细观滞回模型 ･･･････････････････ 101

　　5.2.1 胶凝砂砾石细观滞回模型的理论基础 ･････････ 102

　　5.2.2 胶凝砂砾石材料的细观滞回模型 ･･･････････････ 105

　5.3 本章小结 ･･････････････････････････････････････ 108

第 6 章　胶凝砂砾石材料的动损伤特性研究 ······················ 110

　6.1　疲劳累积损伤理论 ······································ 110

　　6.1.1　累积损伤变量的计算方法 ························· 110

　　6.1.2　累积损伤理论 ································· 112

　　6.1.3　胶凝砂砾石疲劳累积损伤定义 ················ 114

　6.2　胶凝砂砾石材料的损伤演化规律 ··············· 119

　　6.2.1　损伤变量与循环次数的关系 ·············· 119

　　6.2.2　损伤变量与累积应变的关系 ·············· 121

　　6.2.3　上限应力比对损伤演化规律的影响 ········· 122

　6.3　累积损伤模型 ······························ 124

　　6.3.1　与应变相关的累积损伤模型 ·········· 124

　　6.3.2　与循环相关的损伤模型 ············· 127

　6.4　本章小结 ··································· 133

参考文献 ·· 134

第 1 章

绪　　论

1.1　研究背景及意义

近年来，随着民众环境保护意识的提高，工程建设对自然环境的影响越来越受到人们的重视。对于大型水利工程而言，在追求高效施工与低成本建设的同时，最大限度地降低工程对生态环境的影响是现代筑坝技术的目标和发展趋势。水库大坝作为实现水利水电开发的基础，在水与水能资源综合利用上具有不可替代的作用，在未来支撑中国社会经济可持续发展中的地位与作用将进一步得到巩固与加强，是实现水资源优化配置与综合开发利用的必然途径。为了加快推进社会主义现代化建设，全面建设小康社会，国家制定了《国家中长期科学和技术发展规划纲要（2006—2020 年）》，将"水和矿产资源"作为第二个重点领域，并将"水资源优化配置与综合开发利用"列为重点领域的第六个优先主题。根据《水利改革发展"十三五"规划》要求，优化水资源配置格局、加快水源工程建设等是我国全面实现小康社会的基础保障。为了贯彻"绿水青山就是金山银山"的理念，在水利水电行业推广应用经济、安全、施工方便、低碳、环境友好的新坝型，将成为我国水利水电行业发展的新目标。从材料特点和施工工艺等方面考虑，胶凝砂砾石（cemented sand and gravel，CSG）坝兼具碾压混凝土坝和堆石坝的优点，但其水泥用量相对于碾压混凝土坝较少，骨料制备和拌和设施简单，无须考虑温控措施，施工工期明显缩短，工程造价显著降低；相对于堆石坝而言，其抗渗透变形和抗冲刷能力增强，工程量显著降低。另外，CSG 材料的应用节省了人工材料，降低了骨料的标准，有效地利用了弃渣料，节约资源，避免了大范围骨料开挖对生态环境造成的影响。综上所述，胶凝砂砾石坝作为一种新型的经济、安全、施工方便、低碳、环境友好的坝型，在未来水利工程建设中具有广阔的应用前景和重要的现实意义。

随着 2004 年我国首例 CSG 过水围堰工程的建成，CSG 材料在水利工程应用也逐渐推广开来。贾金生等[1]于 2009 年提出了胶结颗粒料坝和"宜材适构"的新型筑坝理念，并推动国际大坝委员会设立了胶结颗粒料坝专业委员会，编制了胶结颗粒料坝水利行业技术标准。鉴于胶凝砂砾石坝的优越特点，越来越受到业主和施工单位的青睐。我国第一座永久性胶凝砂砾石坝工程——山西省守口堡水库大坝于 2013 年开工建设，这也标志着我国胶凝砂砾石坝进入了新阶段。随着胶凝砂砾石坝理论研究的深入，我国的 CSG 坝正由低坝向高坝、由临时性向永久性过渡。CSG 材料作为一种新型的建筑材料，在工程投资和建设工期方面具有明显的优势，已建工程表明，投资可节约 10%～20%，工期可缩短 20% 以上。由于骨料来源为天然河道中的砂卵石，在环境保护和水土保持方面具有很大的优势，结合我国河道分布特点，对于不少坝址具有优越性[1]。但由于 CSG 坝发展历时短，国内外对其材料的力学性能及坝型研究尚不够全面、系统，特别是复杂环境荷载作用下高坝的动力学特性和破坏机理还比较模糊，尚未形成统一的理论认识。

我国水资源丰富，但时空分布不均，多集中在西南地区，然而，该区域也是我国主要的地震带分布区，这给水利工程的建设和安全运行提出了极大的挑战。为加快 CSG 这种新筑坝材料的推广应用，实现临时建筑物向永久建筑物、低坝向高坝的过渡，在掌握 CSG 材料基本力学性能的基础上，充分认识其动力学特性并进行地震作用下响应特征分析是 CSG 坝发展不可或缺的一项研究。针对水工结构受力诱因复杂的情况，结合动力学试验，研究复杂环境下 CSG 材料的动力学特性和损伤演化规律，探寻科学合理的动本构模型，从力学本质上研究 CSG 材料的损伤机理对 CSG 材料结构灾害预测至关重要，不仅为建立 CSG 坝的计算分析方法提供技术支撑，同时也丰富了固体力学在材料损伤、破坏等方面的知识体系，对工程设计和建设十分必要。

1.2　胶凝砂砾石材料简介

CSG 材料是一种将胶凝材料、水和粗细骨料经常规设备和工艺拌和后得到的一种新型筑坝材料。其中，胶凝材料由水泥和粉煤灰组成，其总量一般控制在 100kg/m³ 以内；水可直接采用河道内水源或自来水；骨料由河床砂砾石、建筑物开挖废弃料等当地材料组成。从材料的组成、力学性能和施工方式等方面看，CSG 材料与碾压混凝土类似，故其配合比理论和性能规律等可参考碾压混凝土，但其强度、弹性模量等性能指标与碾压混凝土相比较低。

CSG 坝的理念最早由拉斐尔（Raphael）提出[2-3]，其在 *The Optimum Gravity Dam*[2] 一文中提出了"掺土水泥理论及其应用的设计，即利用大型运输机械和压实机械施工的方法以达到缩短施工周期和降低施工成本"的构想。其基本思想是采用一种介于混凝土和堆石之间的筑坝材料进行筑坝，即采用碾压堆石坝的施工工艺进行水泥胶结堆石料坝施工，坝型设计有别于常规重力坝和土石坝。1988 年，法国人 Londe 在国际大坝会议上提出了使用少量水泥的碾压混凝土作为筑坝材料，大坝设计剖面为对称剖面，坝坡坡比为 1∶0.7～1∶0.75，他指出采用对称剖面可降低应力值，且对材料的性能要求也低于常规混凝土坝，节省投资[4]。1992 年，Londe[5] 对该坝型进行了更为细致的阐述，通过降低碾压混凝土性能和施工技术要求，采用一种"硬填方"（Hardfill）的筑坝方式，并将其称为 Hardfill 材料，该坝型称为 FSHD（Faced Symmetrical Hardfill Dam）。20 世纪 90 年代，一种被称为 CSG 坝的筑坝技术和理论在日本坝工界得到快速发展，其材料与硬填料相似。自 20 世纪末，华北水利水电大学孙明权团队在碾压混凝土坝的基础上，提出了一种超贫胶结材料坝，即将河道内的砂砾料通过少量胶凝材料（小于 80kg/m³）胶结起来，使之成为超贫胶结材料，并用其作为大坝填筑料[6]。2009 年，贾金生在国内外硬填料坝的基础上提出了胶结颗粒料坝的概念，Hardfill 材料、超贫胶结材料作为胶结颗粒料的一种，统称为 CSG 材料。

由于胶凝材料的存在，CSG 材料通常被看作是一种胶结体材料[7]。从胶结体的角度出发，CSG 材料与砂砾石、混凝土的最大区别是胶凝材料含量的不同，即材料中胶凝材料浆体的含量和浓度的不同，胶凝材料的含量决定了骨料的包裹率，而浓度则决定了胶结强度[8]。对于砂砾石而言，由于无胶凝材料浆体，其包裹率为零；对于混凝土，胶凝材料浆体充分充填粗细骨料的空隙，其包裹率往往大于 1；而 CSG 材料的包裹率则介于 0~1 之间。

作为一种新型的筑坝材料，工程实践表明：CSG 材料具有安全可靠、施工便捷、工期短、环境友好等特点。其优点主要有：①所需骨料充分利用了就地取材的有利条件，对骨料强度要求低，可直接利用河道的砂卵石或建筑物开挖的石渣等，减少了工程建设骨料的大面积开挖，可减少对环境的影响；②材料所用胶凝材料含量低，并可采用粉煤灰替代一定数量的水泥，极大程度地降低了大体积筑坝材料的水化热问题；③与常规混凝土相比，施工方式采用大型机械化碾压施工，基本不需要设置横缝，施工工期短、效率高；④材料固结成形后具有一定的抗冲刷能力，CSG 材料坝可实现坝顶泄流，可有效降低施工期导流工程成本；⑤CSG 材料坝对地基适应能力强，采用对称性剖面设计，可降低坝体内的应力波动幅度，增加坝体稳定性[9-11]。

经过多年研究发现，CSG 材料在以下几个方面尚存在不足：①由于胶凝材料含量低，骨料胶凝材料包裹不足，导致材料性质离散性较大；②材料耐久性较差，特别是其抵抗冰冻能力差，需辅助一定的外加剂；③不能直接作为坝体防渗体，需设置专门的防渗体系。

1.3　胶凝砂砾石材料的应用

CSG 材料作为一种新型筑坝材料，在国内外实际工程建设中已取得了一些显著效果，目前国内外已建 CSG 坝达数十座。在

Raphael 的筑坝理念下，美国于 1982 年建成了世界上第一座全碾压混凝土重力坝——柳溪（Willow Creek）坝，其胶凝材料用量远远低于常规重力坝，仅为 66kg/m³；大坝高 52m，长 543m，全段不设纵横缝，按 30cm 一层压实，并采用连续浇筑施工方式，大坝工程量 33.1 万 m³，施工周期仅 5 个月，比常态混凝土坝工期缩短 1~1.5 年，工程造价比常态混凝土重力坝降低 60% 左右，充分显示了碾压混凝土坝的优势。

近年来，土耳其在 Hardfill 坝应用研究方面取得了较大的进展，建成了坝高 107m 的 Cindere 坝[12]和坝高 100m 的 Oyuk 坝，两座大坝均采用对称剖面形式，仅在大坝上游坝面设置防渗面板和排水设施。其中，Cindere 坝仍为当今世界上最高的 Hardfill 坝。

20 世纪 90 年代初期，日本的 CSG 材料主要应用于施工围堰，如 Kubusugawa 坝和 Tyubetsu 坝的上游围堰；90 年代末以后，开始应用大坝主体工程，如 Nagashima 水库拦砂坝[13]、Haizuka 水库拦砂坝[14]以及 2005 年兴建的 Okukubi 拦河坝均采用了 CSG 材料，但坝高较低，均不超过 40m。已建工程表明，CSG 材料筑坝技术不仅施工效率高、工程成本低，而且具有较高的安全性。

根据统计资料，从 20 世纪 80 年代开始，国内外已建成的 CSG 坝达数十座，其中，日本、希腊、多米尼加、菲律宾、巴基斯坦、土耳其等均开展了相关的理论与工程实践研究。国外代表性胶凝砂砾石坝坝高及建成年份如表 1-1 所示。

表 1-1　　国外代表性胶凝砂砾石坝坝高及建成年份

国家	坝　　名	坝高/m	建成年份
法国	St Marrin de Londress	25	1992
希腊	Marathia	28	1993
希腊	Anomera	32	1997
日本	Nagashima	34	2000
多米尼加	Moncion	28	2001
日本	Haizuka	14	2002

续表

国家	坝　名	坝高/m	建成年份
菲律宾	Can - Asujian	44	2004
土耳其	Cindere	107	2008
日本	Sanru	52	2010
日本	Okukubi	39	2012
日本	Honmyogawa	64	—

采用 CSG 材料筑坝在我国起步较晚，且主要应用于施工围堰工程。我国第一座采用 CSG 材料的工程——道塘水库上游过水围堰于2004 年建成，堰高 7m，虽然坝高较低且为临时性工程，但开启了我国 CSG 坝工程的应用先河。随后，福建街面水库、福建宁德洪口水库及云南澜沧江功果桥水库的围堰均采用了 CSG 坝方案，但堰高均不超过 50m。近年来，我国在 CSG 材料理论及筑坝技术方面取得了大量研究成果，并制定了相应的水利行业标准。2013 年，我国第一座永久工程的 CSG 坝——山西守口堡水库开工建设，最大坝高61.6m，采用对称剖面，上下游坡比均为 1∶0.7。我国已建及在建代表性胶凝砂砾石坝坝高及建成年份如表 1－2 所示。

表 1－2　我国已建及在建代表性胶凝砂砾石坝坝高及建成年份

所在省份	名　称	最大坝高/m	建成年份
贵州	道塘水库上游围堰	7	2004
福建	街面水库下游围堰	16.3	2005
福建	洪口水库上游围堰	35.5	2006
贵州	沙沱水库下游围堰	14	2009
云南	功果桥水库上游围堰	50	2009
山西	守口堡水库大坝	61.6	2020

1.4　胶凝砂砾石材料研究现状

1.4.1　胶凝砂砾石材料静力特性研究

在 CSG 材料的应用初期，由于坝工界尚未对 CSG 材料力学性能形成统一完善的理论，国外学者大多将其看作一种类似混凝土的材料，并按照碾压混凝土的方法研究其力学性质，采用混凝土坝的设计方法进行坝体的设计。但是，随着实际工程的建成运行，研究人员发现 CSG 材料作为一种超贫胶凝材料，其力学特性与混凝土和砂砾石材料有本质的区别。进而国内外学者开展了一些力学性能研究，期望找到一种适合于 CSG 材料自身特点的理论基础和大坝设计理论。

CSG 材料由胶凝材料、水及粗细骨料按一定比例拌和而成，其力学性能与用水量、胶凝材料含量、砂率及骨料级配有密切关系[15]。选择合理的配合比设计，可使 CSG 材料各项力学指标达到最优，从而充分发挥材料自身的优点。最早对 CSG 材料展开详细研究的是日本学者。在 Tokuyama 坝、Haizuka 水坝和 Nagashima 坝的建设时期，Hirose 等[16-18]考虑不同水泥含量及用水量的影响，对材料的应力-应变关系、抗压强度等进行研究，结果表明：水泥含量与材料的弹性极限强度呈正比，通过分析用水量对材料抗压强度的影响，得出材料存在"最优用水量"；根据试验所得应力-应变曲线，当荷载较小时，材料表现为线弹性，随着荷载的增大，应变随之增加，当应力达到弹性极限强度后，材料又表现出非线性特征，接着达到峰值强度，此后，应力随着应变的增加不断减小，试件开始破坏，材料呈现典型的软化现象，说明 CSG 材料在单轴压缩荷载下表现出明显的弹塑性特征。虽然 CSG 材料的应力-应变关系曲线和常规混凝土较为相似，但是由于胶凝材料含量远低于混凝土，故两者力学特性存在较大差异。随后，一些学者开始采用常规岩土材料的试验方法，对 CSG 材料的影响因素及破坏形式展开进一步研究。

Kongsukprasert[19-20]和 Lohani 等[21]通过大量三轴剪切试验发现：影响材料应力-应变关系的因素还有用水量、击实功和水泥含量，在含水量最优时，可通过调整水泥含量使压实度达到最大值。Haeri 等[22]通过三轴不排水试验，对水泥灰含量进行研究，研究发现：当水泥含量大于 1.5% 时，试件呈剪胀性；水泥含量较小时，试样则为剪缩特征。Asghari 等[23]在三轴试验的基础上分析了不同胶凝材料含量的试件的破坏形态及应力-应变特点，研究表明：材料的破坏包络线不是严格的直线，材料黏聚力、强度和刚度与胶凝材料含量呈正比，峰值强度后的应力-应变曲线表现出软化特征；同时提出试件在剪切过程中体积呈现膨胀特征，表现出剪胀性。通过与混凝土和堆石料的力学性质进行比较，Fujisawa[24]认为 CSG 材料的力学性能介于混凝土和堆石料之间，材料受力后表现出一定的弹性和塑性，是一种典型的弹塑性材料；其应力-应变曲线存在明显的强度峰值和软化段；其强度和变形模量小于混凝土但高于堆石料。Adl[25]对 CGS 材料进行不同围压下的三轴不排水试验，在高围压和低胶凝材料含量时试件出现明显的膨胀，并得出摩擦角随着胶凝材料含量的增加变化不大而黏聚力变化明显的结论。

虽然国外在 CSG 材料的研究和应用上起步较早，但有关材料的力学性能研究都是基于实际工程开展的，并未对该种材料做出整体系统性的研究，且 CSG 坝的设计也都是借鉴重力坝的相关理论开展的，限制了 CSG 材料相关理论的发展。

自 20 世纪末 CSG 材料引入国内以来，我国诸多学者开始致力于 CSG 材料的相关研究，对材料的组成、配合比设计、试验方法、力学性能、坝型设计理论以及相关施工工艺等一系列问题展开了研究。2007 年华北水利水电大学孙明权团队从水灰比、砂率、胶凝材料用量、围压等方面对超贫胶结材料开展了一系列试验研究，研究表明：选择"最佳水灰比"与"合理砂率"，可使该强度达到最大，同时掺入粉煤灰可提高该材料一定的强度[26]；当胶凝材料含量相同时，应力峰值与围压呈正比，围压越大，材料的峰值应力值越大，且围压对超贫胶结材料强度的影响显著[27]；在试验的基础上，给出了合理的胶结材料配合比设计方案，分析了不同胶结材料含量下的应力-应变曲线以及相应的抗剪强度指标[28]；当轴向应变较小时，应力-应变曲线基本符合双曲线模型特征[29]。随后，华北水利水电大学孙明权团队依托水利部公益性行业科研专项经费项目，在前期研究的基础上，通过试验从不同配合比（水灰比、砂率）、不同围压、不同加载方式等多方面对 CSG 材料的力学特性进行了系统的研究，得出了影响 CSG 材料的力学特性的主要因素；同时通过对立方体试件进行抗压强度和劈裂试验发现，在静力荷载作用下，CSG 材料破坏主要是胶结面的破坏，最终的破坏是由于胶结体的断裂导致材料成为散粒体，在低围压下粗骨料本身并未发生任何形式的破损，从宏观整体上表现为试件的剪切断裂和压碎[30]。除了华北水利水电大学以外，国内其他学者对胶凝砂砾石材料也进行了大量研究。王永胜[31]根据国内已建胶凝砂砾石坝相关资料，在室内外试验的基础上，对 CSG 材料的力学性能进行了研究。唐新军等[32]通过试验对"胶结堆石料"进行了研究，研究结果表明：骨料级配、胶凝材料含量、用水量等因素是影响材料的抗压强度的主要控制因素，胶结堆石料的弹性模量高于堆石料但低于一般碾压混凝土；粉煤灰的掺入不仅有利于改善材料的力学性能，还可以降低水泥的掺入量。李建成等[33]通过不同配合比设计试验，对影响材料强度的水胶比、砂率、胶凝含量、粉煤灰掺量等各种因素进行研究，所得结论与其他学者相同。冯炜等[34]对水胶比、水泥用量、粉煤灰掺量、砂率、含泥量等因素对材料强度的影响进行了研究，并提出了合理的配合比设计参数取值范围。刘录录等[35]以胶凝用量、细料含量、水胶比作为 CSG 材料抗压强度的影响因素，得到了 CSG 材料抗压强度影响因素的主次顺序为胶凝用量、水胶比、细料含量；最佳水胶比为 1.2，细骨料含量介于 25%～30%之间时，CSG 材料的抗压强度达到最大。祝小靓等[36-37]从胶材种类、含气量、龄期及水胶比 4 个方面，对 CSG 材料的弹性模量及抗压强度进行了研究，并给出了相应的发展规律。杨杰等[38]通过剪切固结排水试验，得出了不同胶凝材料含量时的应力与应变关系、体应变与轴应变关系，研究了不同围压、不同胶凝含量时胶凝堆石料的剪胀特性；试验发现，CSG 材料剪胀性明显，在不同围压下，材料的破坏形式也存在不同，围压越小，剪胀越明显；低围压下的胶凝堆石料的破坏主要是骨料间的胶结作用丧失，骨料本身完好，在剪切力的作用下发生滚动和翻转，试件宏观上表现为先缩后胀；当围压较高时，在侧向力的限制下，胶结作用丧失后，骨料可能滑动、挤压或填充孔隙，也可能破碎，试件宏观上表现为先剪缩后剪胀的特性。李娜等[39]通过开展胶凝堆石料的大型三轴试验，得到了不同龄期、不同围压下的应力-应变关系曲线，进而分析了龄期和围压对三轴受压破坏强度、体积变形以及抗剪强度的影响。

随着国内学者对 CSG 材料研究的深入和少量实际工程的建设运行，CSG 材料的诸多优点也越来越受到国内坝工界的认可。国内学者在大量静力试验研究的基础上提出了诸多 CSG 材料的理论计算模型和方法。何蕴龙等[40]在前人研究基础上，根据 CSG 材料的应力-应变特性，借用 Ottosen 模型来表示 CSG 材料的非线性应力应变关系，该模型能较好地反映 CSG 材料的应变软化特性，但针对模型曲线上峰值强度之前的部分，计算结果比三轴试验值偏低。孙明权等[11]针对 CSG 材料应力应变曲线峰值强度后的应变软化现象，提出了一个形式较简单的邓肯-张双曲线改进模型，但该模型不能反映 CSG 材料的剪胀性；根据 E－ν 模型存在的问题，又对 K－G 模型[41]、虚加刚性弹簧法、莫尔-库仑软化模型、弹塑性损伤模型和多线性随动强化等模型在 CSG 材料应用上的可行性进行了研究[30]，从材料的不同角度对材料的非线性特征进行了研究。蔡新等[42]和武颖利[43]根据 CSG 材料的室内试验结果，得出可反映非线性弹性应力-应变特性的本构模型。刘俊林等[44]利用广义双曲线的应力-应变关系研究得出 CSG 料的非线性本构模型，该模型较为简单，但无法准确模拟峰值强度之前的应力应变关系。蔡新等[45]基于 CSG 材料的剪胀与软化特性，建立改进的 K－G 模型，但预测结果误差较大。吴梦喜等[46]利用大型三轴试验仪对不同对龄期的 CSG 材料进行试验研究，讨论了胶结作用对应力-应变曲线的影响；通过对材料的胶结作用和破坏机理进行研究，将胶结作用概化为"胶结元件"，在应变一致性假定的基础上建立了二元并联概念模型。

目前坝工界尚未制定专门针对于 CSG 材料的试验规程和方法，国内外学者在这方面的研究大都是借鉴混凝土和岩土材料的相关规范。虽然近年来国内学者对 CSG 材料的静力学性能进行了系统性研究，取得了较大的研究成果，但目前尚未形成统一的试验方法和理论体系，针对于 CSG 材料的力学控制指标也不统一，出现了较多的相关理论计算模型，且这些计算模型大多是研究者在自己试验结果的基础上总结出来的，缺乏统一的控制标准。

1.4.2 胶凝砂砾石材料动力特性研究

虽然国内外学者在 CSG 材料静力学性能的理论研究和工程应用方面取得了大量有价值的成果，推动了 CSG 材料在工程界的应用。然而，受到试验设备和条件的限制，有关 CSG 材料动力学性能试验的研究还较少，对其动力学计算参数认识还不足，缺乏统一的理论指标体系。2003 年，Omae 等[47]采用动三轴仪对实际工程的筑坝材料的动力学性质进行研究，得出如下结论：当循环应力幅值较小时，CSG 材料的动剪切模量随围压增大而增大，应力-应变曲线表现出明显的非线性，动剪切模量与剪应变成反比，与应变率呈正比。Haeri 等[48]通过不排水动三轴试验对材料的动剪切模量和阻尼比进行试验研究发现，水泥含量对最大剪切模量和阻尼比影响不大；随着偏应力的增大，阻尼比增大而剪切模量降低；围压越大，剪切模量越大，阻尼比越小。张登祥等[49]采用不同应变速率对 CSG 材料进行动态单轴压缩试验，对材料的极限强度、峰值应变及弹性模量等特性的变化规律以及全应力-应变曲线进行了研究。明宇等[50]利用大型动力轴仪对不同胶凝材料含量的 CSG 材料的动力学特性进行试验研究，分析了不同胶凝材料含量和不同围压对其动力学性能的影响，推导了非线性动弹性模量及阻尼比的表达式。傅华等[51]通过不同胶凝材料掺量的动力三轴试验研究发现：CSG 材料动力学指标随着胶凝材料掺入量和养护天数的增加而有所提高，但增加速率随胶凝材料含量增加而减小；动残余变形曲线基本符合半对数衰减规律。黄虎等[52]通过大型动三轴仪进行了等幅循环加载试验，得出循环荷载作用下 CSG 材料的滞回环呈底部不闭合的新月形，并对 CSG 材料的非线性滞后特性和阻尼比的演化规律进行研究。田林钢等[53]通过大型动三轴压缩试验，对材料的全过程动应力-应变关系及阻尼比分布进行研究，认为 CSG 材料的动应力-应变关系曲线呈非线性特征。

由于 CSG 材料的动力特性研究尚处于起步阶段，相关研究内容也没有静力学研究广泛。当前关于 CSG 坝的抗震分析问题，主要的处理方法是将 CSG 材料作为弹性材料来考虑，研究大坝的应力和变形。1992 年，Londe 采用拟静力法对地震荷载作用下的 CSG 坝体动应力进行研究，通过与重力坝比较，得出在坝踵、坝趾部位的应力分布情况，结果表明，地震荷载基本不会改变坝基附近应力分布状态[54]。Hirose 等[14]将库水看作不可压缩液体，采用拟静力法对大坝进行水平地震作用下的动力分析，认为坝体主要受到剪切变形的影响。基于一维剪切楔理论，何蕴龙等[55]和于跃等[56]分析得出 Hardfill 坝自振频率和振型的计算公式，利用反应谱法计算 Hardfill 坝的地震动力反应，论证剪切楔法计算坝体地震动力反应的适用性和准确性；张劭华等[57]以守口堡工程 CSG 坝为例，采用三维有限元分析方法进行地震动力时程分析，得出 CSG 坝的地震动力响应动位移、加速度、动应力整体水平；Xiong 等[58]基于细观损伤理论和有限元法，研究强震下 Hardfill 坝在地震过程中的破坏模式与机理，得出在Ⅷ度地震荷载作用下坝体的应力水平及损伤状态。以上文献中关于 CSG 坝的抗震分析都是将 CSG 材料看作线弹性材料，忽视了其明显的非线性特征，未能真实表现出 CSG 坝在地震荷载下的动力响应特征。蔡新等[59]基于动三轴试验，考虑围压、胶凝材料掺量等因素，研究了 CSG 材料的动本构关系及动模量变化规律，在此基础上，建立了新的动本构模型；郭兴文等[60]利用上述模型，对胶凝砂砾石坝的自振频率、应力及位移响应规律进了研究；明宇[54]在蔡新等研究成果的基础上，考虑不同坡比、胶凝掺量等因素对 CSG 坝进行了抗震分析，并提出了相应的抗震设计指标。

目前国内外在 CSG 材料及坝型研究领域取得了大量成果，特别是在静力学研究方面已基本形成相应的理论体系，但由于受到诸多因素的限制，在材料的动力特性相关问题研究方面尚处于起步阶段，对其动力特性的认识还有待深入研究。CSG 材料在整个大坝的运行周期内，地震、波浪等动力荷载所引起的相关问题是大坝安全评价不可或缺的一部分，只有充分掌握其动力特性，探明材料在动荷载作用下的应力-应变关系及材料所表现出来的力学性质，认识材料在整个寿命周期内的动力学性能，进而寻求反映材料动力性能的典型参数指标，才能建立起不同荷载环境中材料损伤演化过程的等效机制，并在此基础上建立能够充分反映材料非线性力学性能的动本构方程，为 CSG 坝的整体受力机理和破坏模式研究奠定理论基础，不仅丰富了 CSG 坝理论体系，也为 CSG 坝向百米级高坝的发展提供了理论保障。

1.5　主要研究内容

从以上研究现状及简要述评可以看出，当前有关 CSG 材料及坝型的研究成果主要集中在静力学性能和坝体静力分析方面，而关于坝体动力响应方面的研究却简单地将材料等效为弹性材料，忽视了 CSG 材料的塑性特点，并不能真实反映大坝在动荷载作用下的实际运行状态，严重制约了 CSG 坝的发展。随着 CSG 坝的推广应用，我国的 CSG 坝建设正处在由临时向永久性工程、低坝向高坝转变的过渡期，充分深入认识 CSG 材料在动荷载作用下力学特性，掌握材料的动变形和动强度特性、动荷载下的非线性特性、动损伤规律及动本构关系，可为解决 CSG 坝的抗震分析和高坝发展奠定试验基础。本书在 CSG 材料静力学研究成果的基础上，借助于大型动三轴试验设备，从以下几个方面对 CSG 材料在循环荷载下的动力学特性进行了研究：

（1）CSG 材料的制备及试验方法。根据 CSG 材料的组成特点，对各组成成分进行分析，确定了合理的试验配合比方案和试验方案。

（2）CSG 材料的动力学特性研究。针对设计的不同配合比方案的 CSG 材料，采用动三轴仪进行循环加卸载试验，研究不同加载条件下的动变形和动强度特性，分析在整个加卸载过程中动模量、累积应变的演化规律；基于变幅加载方式下动应力-应变关系，建立全应力-应变模型。

（3）非线性滞后效应研究。针对不同的加载路径，开展不同配合比方案的 CSG 材料循环加卸载压缩试验，研究不同上限循环应力下 CSG 材料的滞后效应、滞回环形态以及能量演化规律，分析材料在循环荷载下的破裂模式；基于能量法得出 CSG 材料的阻尼分布规律。

（4）循环荷载作用下细观滞回模型。根据循环荷载下 CSG 材料的非线性滞后特征，在经典 P－M 空间理论的细观滞回模型分析的基础上，得出了模型参数对应力-应变曲线的影响规律；在此基础上，引入塑性参数变形和循环次数的影响，建立了适合于 CSG 材料的细观滞回模型，并对不同上限循环应力下材料的疲劳寿命进行了预测，结合试验数据验证了模型的合理性。

（5）累积应变演化规律和损伤模型。合理选择损伤变量的定义方法，研究不同循环荷载作用下损伤变量与循环次数、累积应变的演化规律，提出损伤的三阶段模型，探讨了模型中各参数对模型曲线的影响以及相应的物理含义，并给出了参数的建议取值范围。

第 2 章

胶凝砂砾石材料的试验准备

作为一种新型的水泥基胶结材料，近年来，学者们对 CSG 材料的力学特性进行了大量的试验研究，但尚未形成系统性的理论，也没有统一的试验技术规程、规范等。已有的研究成果表明，CSG 材料特性介于混凝土与堆石料之间[4,61-62]，且其组成成分类似于混凝土，因此本书的试验内容依据文献［63］和文献［64］进行，通过分析材料组成成分的技术指标，制备标准试件开展试验。

2.1　试验材料

2.1.1　试验材料选取

CSG 材料是一种水泥基胶结建筑材料，由胶凝材料、水和粗、细骨料按照一定的配合比搅拌而成。胶凝材料为水泥和粉煤灰，按照配合比与水混合制成具有一定流动性的胶凝浆液，随后加入细骨料砂，胶凝浆液与砂颗粒充分混合并填充砂颗粒间的部分空隙形成砂浆；将砂浆与粗骨料经机械或人工拌和制成 CSG 材料，砂浆起到胶结粗骨料的作用并填充其间的部分空隙。胶凝浆液在材料拌和过程中起到润滑骨料的作用，使拌和物具有和易性，材料硬化后，又起到将骨料胶结在一起的作用。粗、细骨料不应与水泥起化学反应，骨料的主要作用是形成材料骨架，由于 CSG 材料的胶凝材料少，从而导致骨料间的空隙不能够完全被充填，造成 CSG 材料存在较大的孔隙率。制备成型的材料类似于常规混凝土，从而造成 CSG 材料和混凝土性质既有相似，又存在较大的力学特性差异。

2.1.1.1　水泥

水泥属于水硬性胶凝材料，呈粉末状，与水混合后形成水泥浆液，加入散粒骨料后，具有良好的可塑性，硬化后形成具有一定强度的块体，是一种良好的矿物胶凝材料。

作为一种胶结材料，水泥的物理性质影响着 CSG 材料的力学特性。水泥基材料的强度与其等级大小有密切关系，进而影响 CSG 材料的强度大小；水泥标号越高，相应的材料强度也越高，但成本也越高，因此，必须综合考虑选择合适的水泥品种与标号。《胶结颗粒料筑坝技术导则》（SL 678—2014）》对 CSG 材料中水泥的要求："凡符合 GB175、GB200 的硅酸盐系列水泥均可用于胶结颗粒料筑坝；当胶结材料中掺入粉煤灰等矿物掺合料时，宜优先选用硅酸盐水泥。"[65]

水利工程中的混凝土结构大多属于大体积结构，所用水泥必须是低水化热的，当前我国大多数混凝土工程主要以 P. O. 32.5、P. O. 42.5 或 P. O. 52.5 水泥为主。文献［66］建议，CSG 材料"使用 425 标号水泥为好"。因此，在本次试验中选用 P. O. 42.5 水泥，其物理性能如表 2-1 所示。

表 2-1　　　　　　　　　水泥的组成成分及物理性能

物 理 性 能							熟料化学成分的重量百分比					
密度 /(kg/m³)	凝结时间 /min		安定性	抗折强度 /MPa		抗压强度 /MPa						
	初凝	终凝		3d	28d	3d	28d	二氧化硅	三氧化二铝	三氧化二铁	氧化钙	氧化镁	三氧化硫
3100	3.0	4.5	合格	4.3	7.7	24.5	46.6	23.4%	4.3%	2.4%	65.8%	3.4%	0.7%

2.1.1.2　粉煤灰

粉煤灰是火电厂的煤粉经高温燃烧后经集尘装置捕集而得到的一种混合材料，其化学组成与黏土质相似，由二氧化硅、三氧化二铝、三氧化二铁、氧化钙和未完全燃烧的碳等组成。研究表明[67]，粉煤灰具有与水泥相似的胶凝性能，不仅具有活性效应，其细粉颗粒还可有效地改善混凝土的密实度。将粉煤灰添加至 CSG 材料中，不仅起到胶结骨料的作用，还可以增强材料的强度，前期对材料强度提高程度不明显，但对材料后期强度提高效果显著[29,61-64]，在提高强度的同时还可以减少粉煤灰对社会环境的污染。

《胶结颗粒料筑坝技术导则》（SL 678—2014）对 CSG 材料中水泥的要求："胶结颗粒料中可掺入粉煤灰、粒化高炉矿渣粉、硅灰、沸石粉、磷渣粉、火山灰、复合矿物掺合料等。掺用的品种应通过试验确定。"[66] 根据前期研究成果[30]，采用干排 F 类 Ⅱ 级粉煤灰，其组成成分如表 2-2 所示。

表 2-2 　　　　　　　　　粉煤灰组成成分

密度 /(kg/m³)	45μm 筛余率	需水量比	组成成分重量百分比				
			二氧化硅	三氧化二铁	三氧化二铝	氧化钙	烧失量
2110	17%	102%	59.61%	7.41%	21.33%	4.24%	1.78%

2.1.1.3　砂砾料

CSG 材料最主要的特点就是直接利用天然河道的原状砂砾石，不筛分直接拌和，以降低材料造价。但是研究表明[30]，砂石料的级配对 CSG 材料的力学特性产生重要影响。而实际工程中，各地天然河道原状砂砾石级配又各不相同，为研究骨料粒径大小对材料力学性能的影响，确定合适的料场，课题组先后对河南省禹州颍河段、三门峡洛河段及汝州汝河段河道内天然砂砾石的级配分布进行了考察，并进行了比选。经过比选，确定以汝州市汝河段天然砂砾料作为试验骨料。各料场砂砾料分布特点如表 2-3 所示。

表 2-3 　　　　　　　　各料场砂砾料分布特点

料场名称	砾石分布	砂分布	储量
禹州颍河段料场	骨料粒径偏大，多为漂石	含砂率低，且含泥量高	储量丰富
三门峡洛河段料场	人工碎石含量高	含泥量高	储量偏低
汝州汝河段料场	原状砂砾料，级配完整	天然河砂级配完整	储量丰富

1. 砂

砂为胶凝砂砾石材料中的细骨料，试验用砂取自北汝河砂料场，从河道的砂砾料中筛分得到，经调查，北汝河砂砾料中砂率含量在 22% 左右。根据文献 [63] 对砂的细度模数进行了测定，细度模数的计算方法见式（2-1）。

$$FM = \frac{(A_2 + A_3 + A_4 + A_5 + A_6) - 5A_1}{100 - A_1} \quad (2-1)$$

式中　　　　　　　　　　FM——砂的细度模数；

A_1、A_2、A_3、A_4、A_5、A_6——孔径分别为 5mm、2.5mm、1.25mm、0.63mm、0.315mm 及 0.16mm 筛上的累计筛余百分率。

本次试验取两个样本进行细度模数的测定，根据测定结果，最终结果取两次测量的平均值。当两次计算的细度模数之差大于 0.2 时，应重新测定。试验用砂的细度模数测定结果如表 2-4 所示。

表 2-4　　　　　　　　　砂细度模数测定结果

项目	样本编号	样本质量	筛　　　　径							细度模数
			5mm	2.5mm	1.25mm	0.63mm	0.315mm	0.16mm	≤0.16mm	
筛余量	1	500g	28g	68g	69g	81g	124g	87g	34g	2.58
	2	500g	28g	68g	68g	87g	126g	85g	36g	2.56
累计筛余百分率	1		5.9%	18.7%	32.8%	50.4%	76.5%	93.2%	100%	
	2		5.9%	18.8%	32.2%	50.6%	50.3%	92.6%	100%	

从砂子的细度模数测定表中可以得出，河砂细度模数为 2.57，属于中砂。中华人民共和国水利行业标准《胶结颗粒料筑坝技术导则》（SL 678—2014）中指出："天然料中砂子的细度模数宜在 2.0～3.3 之间。"[66]根据表 2-4 计算结果，试验选取河砂满足要求。

2. 砾石

砾石为 CSG 材料中的粗骨料，对于河道取出的原状砂砾料，质地坚硬，强度指标高。为了满足试验对骨料的级配要求，分别用孔径为 150mm、80mm、40mm、20mm 的方孔筛网对原状砂砾料进行筛分，供胶凝砂砾石配合比设计时选择骨料级配，骨料级配分布如表 2-5 所示。由表中可知，砂砾料级配分布连续性较好，本次试验以二级配为主，故骨料粒径以 5～20mm 和 20～40mm 两种粒径为主。

表 2-5　　　　　　　　　　　原状砂砾料级配表

累计筛余百分率					砂率
5~20mm	20~40mm	40~80mm	80~150mm	≥150mm	
23.73%	26.74%	15.67%	5.71%	6.04%	22.11

2.1.2　试验内容及配合比设计

2.1.2.1　试验内容

当前关于 CSG 材料的动力学试验研究较少，关于其动力学参数尚无统一的认识，本书在参考相关类似材料的研究基础上，主要针对以下两部分内容开展研究，通过相关试验研究得出 CSG 材料的一些动力学特性。

1. 变幅循环试验

在确定的一定配合比方案下，通过逐级增大上限循环应力，研究 CSG 材料在动荷载下的峰值强度、应力-应变关系、滞回环形态、材料破坏模式等内容，并考虑围压对以上内容的影响，围压分别取 $CP=0$（单轴状态，余同）、200kPa、400kPa 和 600kPa 四种。

2. 等幅循环试验

采用与变幅试验相同的配合比方案，研究不同上限循环应力下 CSG 材料的应力-应变关系、滞回环形态、疲劳寿命、材料破坏模式等内容。为保证得到足够的循环次数及有效的应力-应变滞回环曲线，根据变幅试验得到的峰值强度，确定等幅循环试验的上限循环应力，研究 CSG 材料在动荷载下的应力-应变关系、疲劳寿命等。

2.1.2.2　配合比设计

《胶结颗粒料筑坝技术导则》（SL 678—2014）对 CSG 材料配合比设计提出了以下要求："①胶凝材料总量不宜低于 80kg/m³；②掺和料需通过试验确定，并视水泥品种、强度等级、掺合料品质、胶凝砂砾石材料的设计强度而定。当采用硅酸盐水泥时，总掺合量宜小于 40%~60%；③水胶比宜控制在 0.7~1.3 之间；④砂率宜控制在 18%~35% 之间。"[66]

为了保证试验数据的有效性，在前期试验研究的基础上，从以下几个方面对试验的配合比方案进行了设计。

（1）水泥含量。CSG 材料是一种典型的超贫水泥基材料[67]，水泥用量不易过高，一般不超过 80kg/m³，故本次 CSG 材料试验的水泥含量取 60kg/m³、50kg/m³ 和 40kg/m³ 三种。

（2）粉煤灰掺量。根据工程常见配比，胶凝材料总量（水泥和粉煤灰总量）控制在 90kg/m³[68]，结合水泥含量，试验所用粉煤灰取 30kg/m³、40kg/m³ 及 50kg/m³ 三种。

（3）水胶比。水胶比影响 CSG 材料的抗压强度和抗压弹性模量。研究表明[69]，随着水胶比的增大，材料的抗压强度和抗压弹性模量先增大后减小，说明存在最优水胶比。根据《胶结颗粒料筑坝技术导则》（SL 678—2014）及文献［30］，本次试验水胶比取值为 1.0。

（4）砂率。文献［34］、［70］就砂率对材料的影响进行了详细的研究，由于本文主要针对 CSG 材料的动力学性能展开研究，故本次试验在配合比设计时砂率取 20%。

（5）粗骨料级配。定义粒径为 5～20mm 的石子为小石子，定义粒径为 20～40mm 的石子为中石子，定义粒径为 40～80mm 的石子为大石子，定义粒径为 80～150mm 的石子为特大石子。骨料级配初选参照《水工混凝土试验规程》（SL 352—2006）[63]，如表 2-6 所示。由于动力学试验仪器限制，本次试验只采用二级配开展试验。

表 2-6　　　　　　骨 料 级 配 初 选

级配	骨料最大粒径/mm	小石：中石：大石：特大石
二级配	40	40：60：—：—
三级配	80	30：30：40：—
四级配	150	20：20：30：30

注　表中比例为质量比。

（6）试件表观密度。根据文献［71］的相关内容以及已有试验结果，初选取值为 2350kg/m³（在试验成型后复核，试件表观密度最大波动不超过 2%）。试验采用配合比设计参数如表 2-7 所示。

表 2-7　　　　　　　　试验配合比设计参数

配合比方案名称	胶凝材料		砂		水胶比		骨料用量/(kg/m³)		表观密度/(kg/m³)
	水泥含量/(kg/m³)	粉煤灰含量/(kg/m³)	砂含量/(kg/m³)	砂率/%	用水量/(kg/m³)	水胶比	20~40mm	5~20mm	
S1	40	50	434	20	90	1.0	1042	694	2350
S2	50	40	434	20	90	1.0	1042	694	2350
S3	60	30	434	20	90	1.0	1042	694	2350

2.1.2.3　试验方案

在实际工程中，考虑 CSG 坝主要受到的动荷载类型为地震荷载，试验动荷载选择正弦波，频率为 1.0Hz。根据以上确定的研究内容，采用不同加载方式开展试验。具体试验方案如下。

1. 变幅循环荷载试验

在保持频率不变的前提下，变幅循环荷载是幅值随时间而变化的一种荷载加载方式。对同一试件随循环加载次数的增加，正弦动荷载从 0 逐渐增大，按 100kPa 逐渐增加，直至试件失效或者破坏。试验采用 0、200kPa、400kPa 和 600kPa 四种不同围压，以不固结不排水方式进行。加载方式如图 2-1（a）所示。

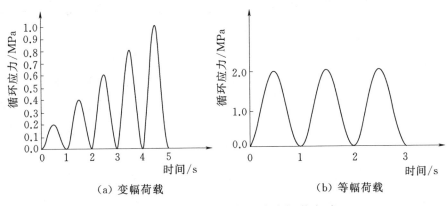

（a）变幅荷载　　　　　　　　（b）等幅荷载

图 2-1　CSG 材料动载试验加载方式

为了研究变幅荷载下 CSG 材料的动力特性，设计不同配合比及不同围压下的试验方案，试件编号如表 2-8 所示。为保证试验结果的可靠性，以三个试件为一组，取其平均值，以接近平均值的一个试件作为试验结果。

表 2 - 8 　　　　　CSG 材料变幅循环荷载试验试件编号

围压 /kPa	试 件 编 号		
	配合比方案 S1	配合比方案 S2	配合比方案 S3
0	ZXKY - S10 - 01	ZXKY - S20 - 01	ZXKY - S30 - 01
	ZXKY - S10 - 02	ZXKY - S20 - 02	ZXKY - S30 - 02
	ZXKY - S10 - 03	ZXKY - S20 - 03	ZXKY - S30 - 03
200	ZXKY - S12 - 01	ZXKY - S22 - 01	ZXKY - S32 - 01
	ZXKY - S12 - 02	ZXKY - S22 - 02	ZXKY - S32 - 02
	ZXKY - S12 - 03	ZXKY - S22 - 03	ZXKY - S32 - 03
400	ZXKY - S14 - 01	ZXKY - S24 - 01	ZXKY - S34 - 01
	ZXKY - S14 - 02	ZXKY - S24 - 02	ZXKY - S34 - 02
	ZXKY - S14 - 03	ZXKY - S24 - 03	ZXKY - S34 - 03
600	ZXKY - S16 - 01	ZXKY - S26 - 01	ZXKY - S36 - 01
	ZXKY - S16 - 02	ZXKY - S26 - 02	ZXKY - S36 - 02
	ZXKY - S16 - 03	ZXKY - S26 - 03	ZXKY - S36 - 03

注 1. 编号中"ZXKY"表示轴向抗压;"S1""S2""S3"代表不同方案;"0""2""4" "6"代表围压为 0kPa、200kPa、400kPa、600kPa。

2. 以上试件养护时间均为 28d,振动频率为 1.0Hz。

2. 等幅循环荷载加载试验

将循环幅值、频率均不随时间变化的加载方式称作等幅循环加载,加载方式如图 2-1 (b) 所示。

根据已有相关研究成果,循环上限应力对材料的疲劳寿命有重要的影响[72-73],为了使循环试验得到足够循环次数,同时保证在有限的循环次数内材料发生足够的塑性应变,根据变幅循环加载试验确定的单轴峰值应力,等幅循环试验上限循环应力 σ_{up} 取峰值应力 σ_d 的 60%~90%,每种方案分别取三组不同的上限循环应力。鉴于试验结果离散性大,考虑围压因素后试验工作量巨大,故在等幅循环加载下,不再考虑围压的影响,仅对单轴循环荷载下的试验结果进行分析。

试验时,对试件施加上限循环应力一定、波形为正弦波的等幅循环荷载,持续振动直至试件达到破坏时停止试验,记录相应的循环次数 (表 2-9)。具体试验方案如表 2-9 所示。

表 2 - 9 CSG 材料等幅循环荷载试验试件编号

配合比方案	试 件 编 号		
	低上限应力	中上限应力	高上限应力
S1	DZXH - S1D - 01	DZXH - S1M - 01	DZXH - S1U - 01
	DZXH - S1D - 02	DZXH - S1M - 02	DZXH - S1U - 02
	DZXH - S1D - 03	DZXH - S1M - 03	DZXH - S1U - 03
S2	DZXH - S2D - 01	DZXH - S2M - 01	DZXH - S2U - 01
	DZXH - S2D - 02	DZXH - S2M - 02	DZXH - S2U - 02
	DZXH - S2D - 03	DZXH - S2M - 03	DZXH - S2U - 03
S3	DZXH - S3D - 01	DZXH - S3M - 01	DZXH - S3U - 01
	DZXH - S3D - 02	DZXH - S3M - 02	DZXH - S3U - 02
	DZXH - S3D - 03	DZXH - S3M - 03	DZXH - S3U - 03

注 编号中,"DZXH"代表动轴循环;"S1""S2""S3"分别代表方案一、方案二、方案三;"D"代表作用于试件的上限循环应力为最小值;"M"为中间值;"U"为最大值。

2.2 动力试验仪器简介

本次试验设备采用美国生产的 GCTS STX - 600 型动三轴仪,该仪器包括以下几部分。

1. 液压站

液压站为试验过程中荷载的施加提供动力,通过控制轴向作动器和荷载架横梁实现,工作模式分为低压和高压两种,两种工作模式根据试件所受围压可交替变化。动三轴仪液压控制器如图 2 - 2 所示。

2. 通用数字信号调节控制单元

控制单元内置微处理器端口和控制软件,该模块由函数生成程序,数据采集和输入/输出单元组成,与电脑连接后可实现对试验过程控制和数据采集。

3. 荷载架和三轴压力室

荷载架为加载过程中轴向力的施加提供支撑,最大可承受 300kN 的力;三轴压力室内放置试件,可充一定压力的水和空气,为试件提供围压,自身最大承受 2MPa 的压力,适用于 $\phi 100 \times$

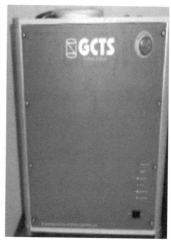

图 2-2　动三轴仪液压控制器（参见文后彩图）

150mm、$\phi150\times300$mm 和 $\phi300\times600$mm 等不同尺寸的试件，动三轴荷载架及压力室如图 2-3 所示。

4. 压力/体积控制器，围压、反压控制器

通过空气压缩机产生的气压为其提供动力，采用文氏真空泵和手动气压调节阀进行控制，如图 2-4 所示。

图 2-3　动三轴荷载架及压力室　　图 2-4　压力/体积控制器
　　　　（参见文后彩图）　　　　　　　（参见文后彩图）

5. CATS 软件

该软件主要用于测试程序的设置、参数的计算、实时显示、绘图或控制等，简化了仪器和试验操作。软件包含饱和、固结、静态加载、动态加载等测试模块，也可以根据客户需要进行定义加载波形。

2.3 试样制备

2.3.1 试验标准

根据胶凝砂砾石材料的力学特点，本次试验参照文献［63］和文献［64］进行。

2.3.2 试样制作及养护

2.3.2.1 骨料筛分

试验所用材料以二级配（5～40mm）骨料为主，河床骨料需要将粒径大于 40mm 的粗骨料筛分出来。参考混凝土骨料筛分方法，采用斜筛法对粗骨料进行筛分，筛分设备如图 2-5 所示。在重力的影响下，小于筛网孔径的细骨料透过筛网，而粗骨料沿着筛网滚落下来。为了充分利用细骨料，再将筛网底端的骨料重新过筛网，重复 3 次。

图 2-5　骨料筛网及振动筛（参见文后彩图）

采用振动台振筛法对粒径小于 20mm 的砂砾石料进行筛分，选用不同孔径的筛网，粒径为 5～20mm、20～40mm 滞留相应孔径的筛网上。将筛分后的骨料放置在不同的料仓内，以便于试验取料（图 2-6）。

(a) 5～20mm 粒径   (b) 20～40mm 粒径

图 2-6　不同粒径的粗骨料（参见文后彩图）

2.3.2.2　拌和

为了保证 CSG 材料拌和的均匀性，减小试验结果的离散性，使试验结果更合理，搅拌设备采用单卧轴混凝土搅拌机，并借鉴混凝土的拌和方式。根据《水工碾压混凝土试验规程》（SL 48—94）规定[74]，搅拌前需对搅拌机、搅拌棒等工具用清水预先冲洗干净，并保持一定湿润状态，拌和温度控制在 20℃左右。为提高搅拌的均匀度，试验中每次装料量不超过搅拌机额定容量的 60%。根据设定的配合比，对相应质量的材料进行称量，并保证骨料为饱和面干状态。将水泥和粉煤灰预先拌至均匀，然后按顺序将已称好的砂子、胶结料、骨料依次加入搅拌仓，搅拌 1min，加水后再搅拌 2min，待搅拌均匀后卸在钢板上，准备装入模具，如图 2-7 所示。

2.3.2.3　装料、振捣、成型

为了便于后期拆模，装料前需将铸铁模具内壁四周涂抹润滑

图 2-7 胶凝砂砾石材料拌和料
(参见文后彩图)

油。试验所需试件高度为 300mm，需要对试件进行两次装料加压振动成型，装料时从钢板外缘处的拌和物开始，逐步往中间靠拢，分两次装入钢模具：第一次装入量应高于模具总量的一半，随后采用振捣棒沿钢模具四周开始，呈螺旋形向模具中心插捣，捣棒保持垂直并插捣至试模底部，插捣 25～30 次，通过振捣棒轻敲模具外壁以减小内部气泡和水泡，随后将模具搬至振动台，加上压重块进行振捣密实；振捣完成后再进行二次装料，要保证装入量略高出模具，按照第一次的振捣方式再次插捣，插捣棒要插入第一层内 1～2cm，并保证模具内最终拌和料高出试模 1～2cm，再搬至振动台放上压重块振捣密实，以试件表面泛浆为准。为保证试件表面的平整，采用同一配合比的水泥砂浆对模具内试件进行填补抹平。

2.3.2.4 养护

将制备好的带模试件用湿布或塑料薄膜覆盖，以防止水分蒸发，在 20℃±5℃ 的室内静置 48h，然后拆模，并根据试验要求进行编号，将编号的试件放入标准养护室内试件架上，并保证试件彼此间隔 1～2cm。养护过程中应避免水管喷头直接冲淋试件，养护至规定试验龄期 28d，如图 2-8 所示。

图 2-8　试件养护（参见文后彩图）

2.4　本章小结

　　室内试验是研究材料力学性质的一个重要手段，作为一种新型的筑坝材料，CSG 材料的制备方法与常规混凝土既有相同之处又存在诸多不同。本章主要介绍了 CSG 材料各组成成分的基本性能、试验开展内容、材料配合比方案设计、相关的试验标准、试验设备及试件制备方法与过程等内容。根据本文的研究内容，制定了相应的动力试验方案。

第3章

胶凝砂砾石材料动力学特性的试验研究

　　在动荷载作用下，CSG 坝坝体会发生振动，CSG 材料的变形和强度都会受到影响。根据水工建筑物荷载作用类别，引起坝体振动的振源可分为天然振源和人工振源两种，天然振源主要包括地震、波浪荷载、高速水流等；而人工振源则包括爆炸、交通荷载、机械设备振动等。由于这些振源的荷载大小、振动频率、振动次数、持续时间及振动波形各不相同，因此在不同动荷载作用下 CSG 材料的变形和强度也各不相同，但都受到荷载速率和加荷次数的影响。

　　根据静力学试验结果，CSG 材料在荷载作用下的变形包括弹性变形和塑性变形两部分：当荷载较小时，主要表现为弹性变形；荷载较大时，塑性变形表现明显[18,28,30]。根据动力循环试验结果，在不考虑初始固结应力的作用下，CSG 材料的动应力-应变曲线始终存在塑性变形，并逐渐积累。当循环应力较小时，整体变形仍以弹性变形为主[51]；故可通过研究其弹性模量的变化规律，为建筑物的动力分析提供必要的指标；但当循环应力较大时，除了研究弹性模量变化之外，研究材料的强度和变形问题就显得更加重要，因为坝体可能由于 CSG 材料强度的减小或附加变形的增大而影响到大坝的整体稳定性。作为一种筑坝材料，CSG 材料本身的受力特点和材料所处的部位有关，所以当其受到动荷载作用时所表现出来的动力特性必然与组成材料的成分和围压有一定的关系。因此，在研究 CSG 材料的动力特性时，重点分析了水泥掺量及围压的影响。

3.1　变幅循环加载下的动力学特性

本节主要讨论循环荷载作用下 CSG 材料的强度和变形特性，分析三种不同配合比方案（水泥含量不同）在不同围压下的应力-应变曲线特性，围压分别取 $CP = 0$（单轴状态，余同）、200kPa、400kPa 和 600kPa。

3.1.1　动强度特性

通过逐级增大单个循环加载的应力幅值，采用正弦波荷载进行动三轴试验，研究材料的动应力-应变关系。根据每个试件承受的最大动荷载以确定其峰值应力。由于 CSG 材料自身组成结构和试验过程的影响，每种方案取三个试件为一组，确定试件在分级加载循环荷载下的峰值应力，即动应力峰值强度，取靠近平均值的一个试件强度作为该方案的应力峰值强度。

在每一级加载循环荷载作用下，应力-应变曲线的加载和卸载段不重合，形成下部不闭合的滞回环。当达到某一个定值（最大偏应力值）时，试件出现破坏，试件应力达到峰值应力，此后，应力整体呈下降趋势。试验各试件的峰值偏应力如表 3 - 1 所示。

表 3 - 1　　　　　　　循环荷载作用下试验结果

试验材料 配合比方案	围压 /kPa	峰值应力 /MPa	峰值应力对应的应变 /%	破坏点应变 /%
S1	0	3.012	0.66	0.72
	200	3.295	1.14	1.18
	400	4.620	1.28	1.32
	600	6.520	1.59	1.611
S2	0	3.651	0.91	0.94
	200	3.909	1.22	1.25
	400	5.165	1.41	1.47
	600	6.598	1.71	1.87
S3	0	4.250	1.26	1.34
	200	4.493	1.28	1.38
	400	5.785	1.367	1.38
	600	6.742	1.369	1.541

　　图 3 - 1～图 3 - 3 给出了方案 1 (S1)、方案 2 (S2) 和方案
3 (S3) 在不同围压下的应力-应变曲线。不同围压下的各方案对应
试件的应力-应变曲线表明，当水泥含量相同时，围压越大，峰值
应力增大；同时，围压影响试件峰值后的残余强度，围压越大，残
余强度也越大。当围压为零时，由于试件破坏后，在无侧向荷载的
作用下，试件快速破坏，应力-应变曲线快速下降，同时无滞回环
产生；当围压不为零时，试件破坏后，由于侧向力作用，仍表现为
具有一定的承载能力，应力-应变曲线下降后又趋向于平缓，表现
为具有一定的残余强度，下降段的应力-应变曲线也表现为半封闭
状。随着水泥含量的增加，试件的峰值强度增大，残余强度则
减小。

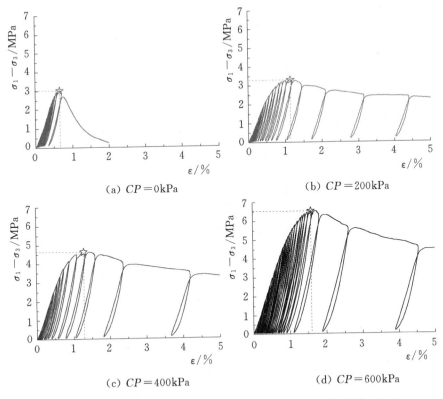

(a) $CP=0$kPa

(b) $CP=200$kPa

(c) $CP=400$kPa

(d) $CP=600$kPa

图 3-1　变幅值循环加载 CSG 材料应力-应变关系图 (S1)

☆—峰值应力点

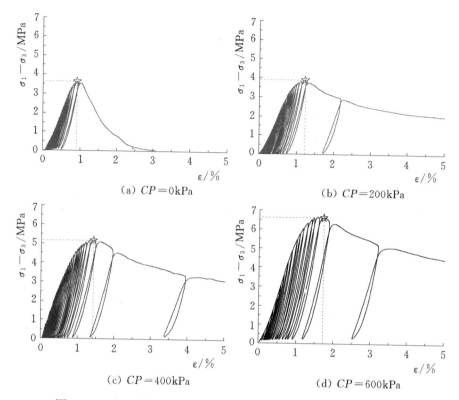

图 3-2　变幅值循环加载 CSG 材料应力-应变关系图（S2）

☆—峰值应力点

　　峰值应力以前的滞回环下部不闭合，其不闭合程度反映了单个滞回环在卸载过程中残余塑性变形的大小，滞回环整体倾向于应变增大的方向。根据不同上限循环应力下的滞回环分布，随着应变的增大，滞回环的分布逐渐稀疏，特别是循环荷载的峰值应力以后，滞回环形状出现较大的变化，下部不闭合程度急速增大，残余塑性应变明显增大；同时滞回环面积也逐渐增大。

3.1.2　变形特性

3.1.2.1　应力-应变曲线

　　沿着循环加卸载作用下的动应力-应变曲线的外轮廓描绘所得到的光滑曲线，称为应力应变包络线，又称为骨干曲线[75]。不同方案的骨干曲线如图 3-4～图 3-6 所示。根据静力学试验结果[76]，荷载小于材料峰值强度 60%～70% 时，应力-应变曲线呈线性分布；

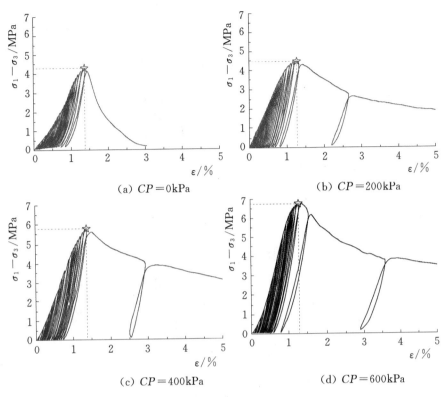

图 3-3 变幅值循环加载 CSG 材料应力-应变关系图（S3）

☆—峰值应力点

大于峰值强度的 60%～70% 时，曲线呈非线性分布，峰值强度后则出现明显的软化现象。根据试验中轴向荷载与围压的关系，将骨干曲线转化为轴向应力与轴向应变的关系，如图 3-7 所示。对应包络

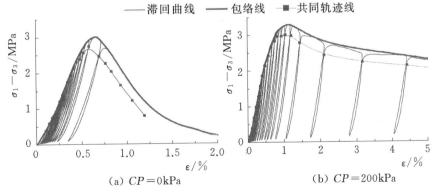

图 3-4（一） 在不同围压下的 CSG 材料应力-应变曲线（S1 方案）

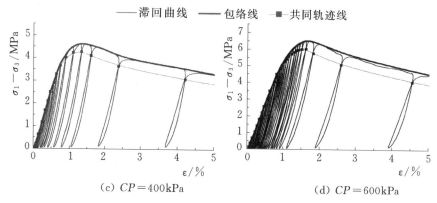

(c) $CP=400\mathrm{kPa}$ (d) $CP=600\mathrm{kPa}$

图 3-4（二） 在不同围压下的 CSG 材料应力-应变曲线（S1 方案）

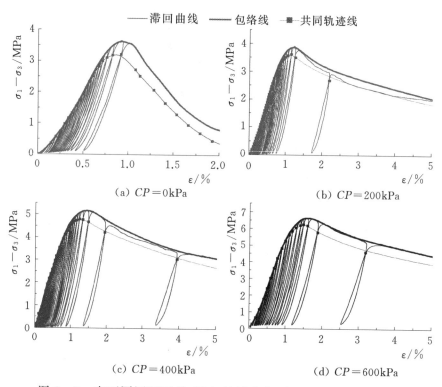

(a) $CP=0\mathrm{kPa}$ (b) $CP=200\mathrm{kPa}$

(c) $CP=400\mathrm{kPa}$ (d) $CP=600\mathrm{kPa}$

图 3-5 在不同围压下的 CSG 材料应力-应变曲线（S2 方案）

曲线与静应力应变曲线相似，即包络曲线由初始曲线段、直线上升段、曲线上升段和峰值应力后下降段组成；当应变小于 0.5％ 时，不同围压时各直线上升段基本平行，围压越大，直线段越长；当进入曲线上升段后，材料进入非线性阶段；说明 CSG 材料存在一个弹

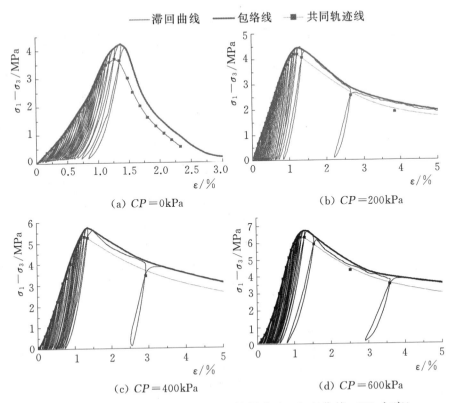

图 3-6　在不同围压下的 CSG 材料应力-应变曲线（S3 方案）

性极限强度 σ_t。当试件达到应力峰值以后，滞回环下部开口迅速增大，此时对应的骨干曲线呈现出下降趋势，应力降低，试件宏观上开始破坏。此时滞回环下部开口急速增大，表明试件破坏产生的塑性变形增大。

　　在静力加载下，CSG 材料应力-应变曲线总体可近似看作由直线段上升、曲线段及下降段组成[77]，如图 3-8 所示。根据骨干曲线分布形状可知，与静力加载下的应力-应变曲线形状基本相似。由于试件本身孔隙率较大，考虑初期压实固结的影响，骨干曲线可划分为四个阶段：①压实阶段Ⅰ，原始空隙的闭合过程；②弹性阶段Ⅱ，压实至一定程度后，试件接近弹性变形；③裂纹扩展阶段Ⅲ，新生裂纹的扩展过程；④峰后破坏阶段Ⅳ，试件的破坏过程如图 3-9 所示。

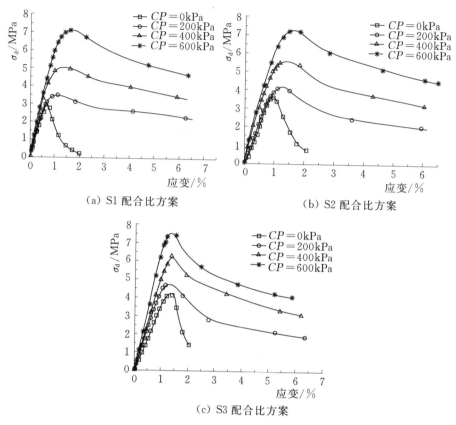

（a）S1 配合比方案　　　　　　（b）S2 配合比方案

（c）S3 配合比方案

图 3-7　不同配合比的应力-应变关系包络线

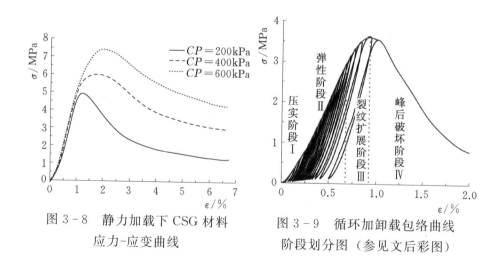

图 3-8　静力加载下 CSG 材料
应力-应变曲线

图 3-9　循环加卸载包络曲线
阶段划分图（参见文后彩图）

根据包络曲线确定不同方案 CSG 材料在不同围压下的强度特征，如表 3－2 所示。随着围压和水泥含量的增大，应力峰值 σ_d、弹性极限强度 σ_t 均增大，对应的应变值也相应增大。弹性极限强度约为峰值应力的 75%，与静力试验结果基本相同[78]。

表 3－2　　　不同围压下 CSG 材料的弹性极限强度与应力峰值的关系

配合比方案	围压/kPa	应力峰值 σ_d/MPa	弹性极限强度 σ_t/MPa	$\dfrac{\sigma_d}{\sigma_t}$	应力峰值对应的应变 ε_d/%	弹性极限强度对应的应变 ε_t/%	$\dfrac{\varepsilon_d}{\varepsilon_t}$
S1	0	3.01	2.33	0.774	0.722	0.383	0.53
	200	3.52	2.63	0.754	1.13	0.565	0.50
	400	5.04	3.76	0.751	1.26	0.642	0.509
	600	7.14	5.24	0.732	1.58	0.841	0.532
S2	0	3.65	2.78	0.761	0.910	0.505	0.555
	200	4.21	2.89	0.696	1.32	0.694	0.525
	400	5.59	4.20	0.751	1.44	0.723	0.502
	600	7.26	5.34	0.736	1.58	0.881	0.557
S3	0	4.25	3.17	0.745	1.263	0.702	0.556
	200	4.77	3.89	0.815	1.36	0.775	0.553
	400	6.29	4.54	0.722	1.401	0.731	0.537
	600	7.36	5.76	0.782	1.46	0.682	0.587
均值				0.752			0.536

从整个加卸载过程来看，不同方案在不同围压下骨干曲线上升段的形状基本相同，但下降段则随着水泥含量的变化而变化：水泥含量较低时，下降段曲线相对较平缓；随着水泥含量的增大，下降段逐渐变陡，说明材料的塑性减小，脆性增大。从整个趋势来看，CSG 材料是一种明显的弹塑性材料，与围压和水泥含量密切相关。

图 3－10 给出了不同围压下各配合比方案 CSG 材料的破坏点应变。在同一种方案下（相同水泥含量），材料的峰值应力和应变值均随着围压的增大而增大，试件破坏点应变也逐渐增大；在相同围

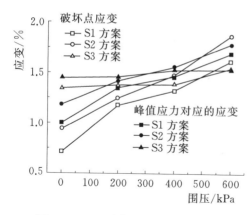

图 3-10 不同围压下各配合比
方案 CSG 材料的破坏点应变值

压下，随着水泥含量的增大，峰值应力及对应应变也逐渐增大，说明围压和水泥含量对材料的强度和变形特性有很大的影响。对于方案S3，围压对峰值应力影响较大，但对应变影响却较小，随着不同围压下的增大，峰值应力增幅明显，但相应的应变变化不大，这也证实了由于水泥含量的增加，材料的塑性表现减弱，脆性增加。

3.1.2.2 累积应变与循环次数的关系

当最小动应力恒定时，循环荷载下材料的累积变形由最大动应力的大小决定，由于材料自身结构特点的影响，应力-应变曲线表现为下部不闭合的滞回环。这说明从加载到卸载的整个过程中单个滞回环存在残余塑性变形，单个残余塑性变形的累积导致试件的最终破坏。图 3-11～图 3-13 为变幅循环荷载下累积应变和循环次数的分布曲线，曲线表现出三阶段特征：①初始阶段，变形速率衰减较快，主要是由于 CSG 材料本身孔隙率较大，在初期加载过程中，材料处于压实阶段，应变速率变化较大；②等速循环阶段，当试件达到最小孔隙率后，应变速率基本为恒定值，累积塑性应变呈等速增长；③加速阶段，当应变达到破坏临界应变后，循环次数明显减小，应变增长速度快速增大，达到破坏点应变后，试件破坏。从整个应变的变化过程看，不同阶段间存在明显的临界应变值，且临界应变值随着围压及水泥含量的增大而增大。从每个阶段经历的循环次数看，初始阶段循环次数相同；等速阶段循环次数最多，且随着围压及水泥含量增大而增大；加速阶段循环次数又减少；同一种水泥含量，随着围压的增大，加速阶段循环次数增加，这说明由于围压的侧向限制，材料达到临界破坏应变后的破坏受到了一定的制约。

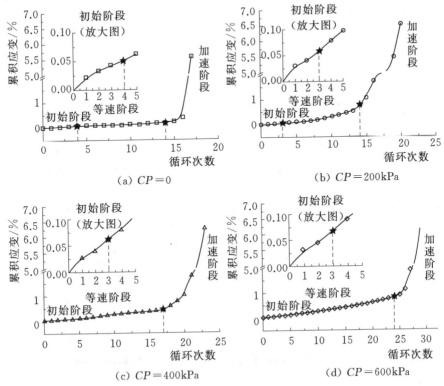

图 3-11 变幅循环荷载下 CSG 材料累积应变与循环次数关系曲线（S1 方案）
★—临界点

3.1.3 动模量变化规律

动模量是反映材料在地震、波浪等振动荷载作用下动力响应的重要参数之一，也是大坝结构设计动力分析计算和抗震设计的基本依据。通常将动荷载作用下单个滞回曲线内的最大动态弹性模量确定为材料的动弹性模量，即动模量[79]。

根据前文试验结果分析，循环荷载下 CSG 材料应力-应变曲线存在滞回环，即每一个点的应力与相应的应变不同步，故根据割线斜率的方法确定动态弹性模量误差较大[80]。对于闭合的滞回环而言，动态弹性模量通常采用下述方法确定：如图 3-14 所示，建立 σ_d、ε_d 坐标系，O 点为原点，分别过最大应变值、最大应力值做坐标轴的平行线，二者交于 N 点，连接 O 点和 N 点，直线斜率与动

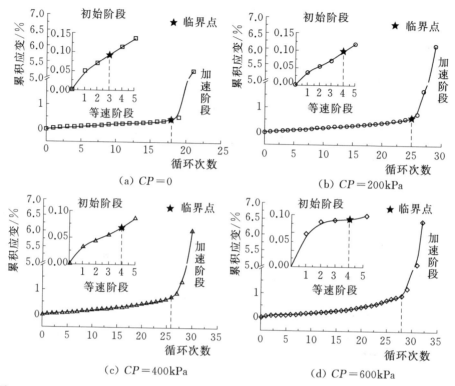

图 3-12 变幅循环荷载下 CSG 材料累积应变与循环次数关系曲线（S2 方案）

态弹性模量的最大值 E_{dm} 相等[80]。

根据试验结果，在一个加载周期内，无论是加载段还是卸载段，CSG 材料的应力-应变曲线均凸向应变增大的方向，且底部不闭合。如图 3-15 所示，点 A、D 为单个滞回环加载的起点和卸载的终点，N 为 AD 的中心，C 为单个滞回环内的最大应变值，过 C 做应变轴的垂线与 AD 的延长线交于点 O，过 B 做应力轴的垂线与 CO 的延长线交于点 M，动应力幅值可表示为

$$\sigma_{im} = \frac{1}{2}(\sigma_{imax} - \sigma_{imin}) = \frac{1}{2}\overline{OM} \qquad (3-1)$$

一个周期内的动应变幅为

$$\varepsilon_{im} = \frac{1}{2}\overline{ON} \qquad (3-2)$$

忽略单个滞回环的塑性效应，根据广义胡克定律可得

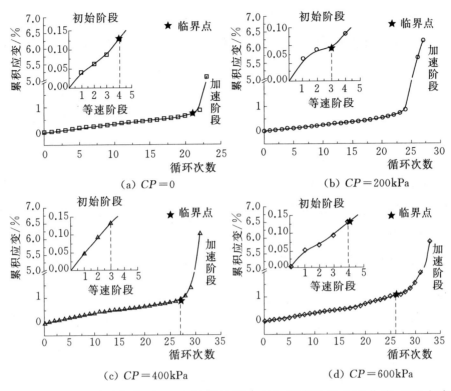

图 3-13　变幅循环荷载下 CSG 材料累积应变与循环次数关系曲线（S3 方案）

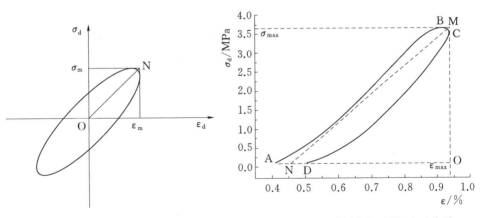

图 3-14　椭圆形（经典）滞回　　图 3-15　CSG 材料典型滞回环曲线
环示意图

$$E_{idm} = \frac{\overline{OM}}{\overline{ON}} \qquad (3-3)$$

式（3-3）表明，动模量可通过直线 MN 的斜率确定，由此确定的动模量与黏弹模型中弹性元件的弹性模量存在一定的差异，但其可反映 CSG 材料在循环荷载下的弹性性能。

变幅循环加载下不同配合比方案的 CSG 材料弹性模量与应变关系如图 3-16 所示，不同围压下，随着动应变的增加，CSG 材料的动弹性模量逐渐衰减，衰减速度根据累积应变阶段不同而不同，其中初始阶段最大，等速阶段最小，加速阶段又逐渐增大，说明材料在初始阶段和加速阶段出现了明显的刚度软化现象。同时，材料的动弹性模量与围压存在密切的关系，即随着围压的增大而增大。根据加载过程，单个循环荷载的上限应力逐级增大，受到材料非线性的影响，应变和累积塑性应变也逐渐增大；在累积应变的初始阶

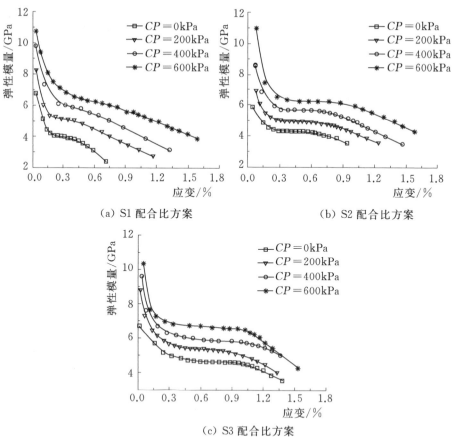

（a）S1 配合比方案　　　（b）S2 配合比方案

（c）S3 配合比方案

图 3-16　不同配合比的 CSG 材料弹性模量-应变关系

段，受到材料内部原始空隙闭合影响，试件出现明显的刚度软化，弹性模量递减速率较大；当原始空隙闭合至一定程度后，试件刚度软化减弱，弹性模量递减速率减小，变化曲线接近直线；进入加速阶段后，试件内部新的裂纹萌生、扩展，试件有效受力面积减小，刚度软化再次增大，弹性模量递减速率又逐渐增大。

3.2 等幅循环加载下的动力学特性

3.2.1 动强度特性

在等幅循环荷载作用下，试件受到的上限循环应力是一个定值，若假定材料是完全弹性体，上限循环应力处于材料的弹性极限强度 σ_t 以下，加载和卸载过程中应力-应变曲线应该重合。对于 CSG 材料而言，其塑性变形发展与其材料自身组成结构特点有关，循环荷载作用下材料的破坏实际上是一种渐进损伤过程。由于胶结材料对骨料周边的充填程度不同，导致骨料间的胶结强度不一样，空隙的分布也是随机的，材料内部存在较弱的胶结面。在循环荷载作用下，薄弱的胶结面或空隙周边先发生破损，出现塑性变形，导致应力-应变曲线形成下部不闭合的滞回环。随着循环加卸载的持续，破损的胶结面逐渐连通并形成小的块体，最终导致试件的破坏，产生极大的变形。试件结构本身的变化伴随着塑性应变的发展和累积增加，当累积到一定程度时，累积应变曲线上出现明显突变点，突变点的出现标志着试件即将出现坍塌性破坏。根据试验结果，当循环荷载作用到一定次数后，累积应变曲线出现转折点，此后变形突增，在随后很少的循环次数范围内就达到破坏。将破坏前滞回环的最大应变定义为破坏点应变，从而可将破坏点处的应变作为 CSG 材料的破坏标准，同时可确定对应的循环次数（表 3 - 3）。

从表 3 - 3 中可以得到，等幅循环荷载下不同试验方案对应的破坏点应变介于 0.828% ~ 1.228% 之间，平均值为 1%，故可将应变值 1% 作为 CSG 材料的破坏标准，进而可得对应的循环次数，即确定相应试件的疲劳寿命。水泥含量一定时，疲劳寿命随着循环上限应力和平均应力值的增大而降低。

表 3－3　等幅循环荷载作用下 CSG 材料的破坏点应变及循环次数

试验方案材料配合比	上限应力/MPa	平均应力水平/MPa	上限（峰值）应力/%	下限应力/MPa	破坏点应变/%	破坏对应循环次数
S1	2.0	1.0	66.4	0.06	1.196	669
	2.05	1.025	68.11	0.06	0.941	64
	2.1	1.05	69.7	0.06	0.828	31
S2	2.6	1.3	54.7	0.06	0.999	504
	2.8	1.4	58.3	0.06	0.973	161
	3.0	1.5	62.5	0.06	0.866	120
S3	3.55	1.725	63.6	0.06	1.228	106
	3.6	1.8	64.5	0.08	0.999	64
	3.7	1.85	66.3	0.08	0.986	26

根据试验结果，不同方案下的循环上限应力与峰值强度之比（称为上限应力比）介于 50%～70% 之间，试件均出现了破坏。借鉴葛修润关于岩石强度可能存在"门槛值"的观点[81]，CSG 材料也可能存在"门槛值"。由于试验量较大，故基于现有试验结果，笔者推测在胶凝材料含量小于 $90kg/m^3$ 时，CSG 材料强度"门槛值"小于峰值强度的 50%，且与水泥含量有较大的关系。

3.2.2　等幅加载下的变形特性

3.2.2.1　应力-应变曲线

图 3－17～图 3－19 为等幅循环荷载作用下不同上限应力的 CSG 材料应力-应变关系曲线。从图中可以看出，等幅循环荷载下应力-应变曲线有以下特征：在整个循环试验过程中，应变的变化和滞回环的分布可分为 3 个阶段，即初期阶段、等速阶段和加速阶段。初期阶段主要出现在前 3 个循环，应变增加较快，上限应力低于设定值，滞回环分布较疏，滞回环下部开口也较大。经过初期 3 个循环后进入等速阶段，等速阶段占据了整个循环的绝大部分，应变增长变缓，滞回环分布由疏变密后又变疏，滞回环下部开口先减小后又增大。加速破坏阶段应变又快速增大，滞回环分布明显变疏，滞回环下部开口继续增大，此时的上限应力开始减小，低于设

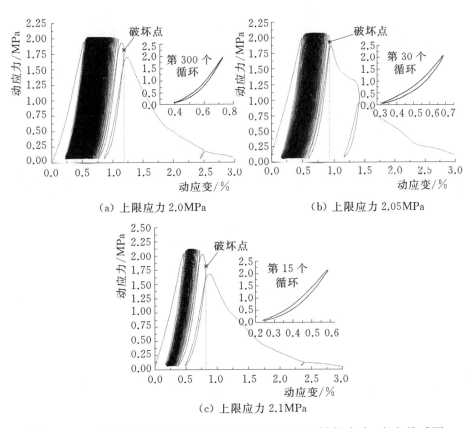

（a）上限应力 2.0MPa　　　　　（b）上限应力 2.05MPa

（c）上限应力 2.1MPa

图 3-17　等幅循环荷载下不同上限应力的 CSG 材料应力-应变关系图
（S1 配合比方案）

定值；随着应变的累积，试件很快破坏，该过程所需时间很短，循环次数也很少。在整个循环过程中，滞回环分布呈疏—密—疏的 3 阶段特征，下部开口呈大—小—大的变化特征。

　　在卸载过程中，应变逐渐减小，与加载曲线不重合，从而形成滞回环，滞回环呈新月形，而不是尖叶状或椭圆形，凸向应变增大的方向。同时，滞回环下部没有闭合，说明卸载完成后，应变并未恢复至起始应变，而是存在一定的残余变形，即在单个滞回环对应的加卸载过程，既有弹性变形，又有一部分不可逆塑性变形，而不可逆塑性变形的逐步累积是试件最终破坏的主要原因。

3.2.2.2　累积应变与循环次数的关系

　　图 3-20 是等幅循环荷载下不同配合比的 CSG 材料累积应变-

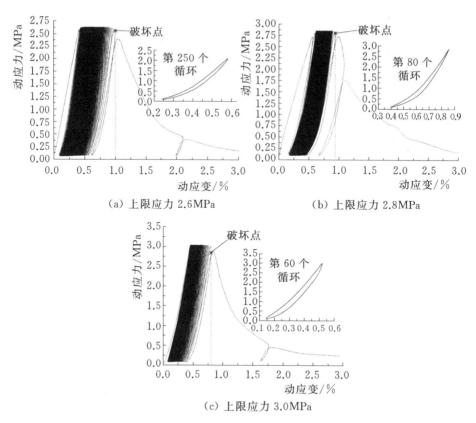

（a）上限应力 2.6MPa　　　　　　　（b）上限应力 2.8MPa

（c）上限应力 3.0MPa

图 3-18　等幅循环荷载下不同上限应力的 CSG 材料应力-应变关系图
（S2 配合比方案）

循环次数关系曲线。曲线仍表现出三阶段特征，与变幅加载方式下的分布规律相同：初始阶段，在加载开始的几个循环内应变速率快速减小；等速阶段，曲线呈线性增加，说明应变速率几乎保持不变；加速阶段，曲线快速增长，应变速率又突然增大。每个阶段在整个循环中的历时也不同，初始阶段历时最短，主要在前 3 个循环；等速阶段最长，且与上限循环应力大小关系密切，上限循环应力越大，等速阶段经历循环次数越少；加速阶段，当应变接近试件的临界破坏应变时，变形速率突增，达到材料的破坏应变后，试件迅速破坏。

从整个应变的变化过程看，3 个不同的应变阶段存在明显的临界值，且临界应变值受到水泥含量和应力幅值的影响。从每个阶段

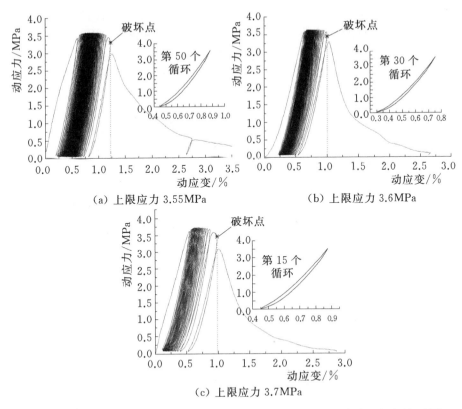

（a）上限应力 3.55MPa   （b）上限应力 3.6MPa

（c）上限应力 3.7MPa

图 3-19　等幅循环荷载下不同上限应力的 CSG 材料应力-应变关系图
（S3 配合比方案）

经历的循环次数看，不同配合比方案时，初始阶段的循环次数相同；等速阶段经历的循环次数受上限循环应力的影响较大；加速阶段循环次数越少，说明材料达到临界破坏应变后破坏越迅速。疲劳破坏过程中累积破坏应变在 1% 左右。

3.2.3　动模量变化规律

由式（3-3）计算得到等幅循环荷载下不同配合比方案的 CSG 材料弹性模量与应变关系如图 3-21 所示。在不考虑第一个循环的影响下，等幅循环加载时弹性模量分布特征与变幅加载时一致，即弹性模量随着应变的增大呈非线性减小趋势：在应变的初期阶段，弹性模量递减速率较大；随着试件压实到一定程度，试件进入弹性阶段，弹性模量递减速率减小，变化曲线接近直线；当试件进入裂

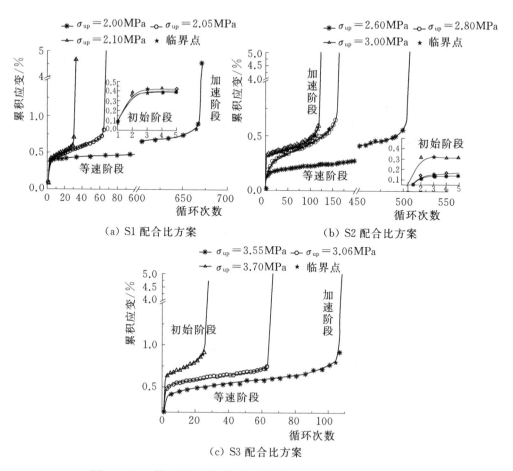

图 3-20　等幅循环荷载下不同配合比的 CSG 材料累积
应变-循环次数关系曲线

纹扩展阶段后，弹性模量递减速率又逐渐增大。弹性模量随着水泥含量的增大而增大。相同配合比方案时，上限循环应力越大，弹性模量越大。

在等幅加载条件下，第一个循环加载时，试件在较大的应力下快速压实，导致初始应变变化很大，加载过程不稳定，进而影响弹性模量，故第一个循环的弹性模量值可忽略，不考虑其对整体分布特征的影响。从弹性模量与应变的分布也可看出，上限循环应力越大，循环加载时试件经历的弹性过程越短，试件越早进入塑性阶段，从而循环次数越小。

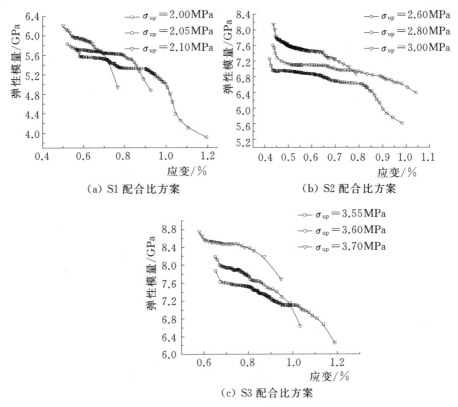

图 3-21　不同配合比方案的 CSG 材料弹性模量-应变关系

3.3　胶凝砂砾石材料全应力-应变曲线

目前还没有关于 CSG 材料在动荷载下的全应力-应变曲线的描述。从工程应用的角度出发，应力-应变滞回环曲线尚无法评价复杂荷载下的结构响应特征，借鉴混凝土材料的方法，采用动荷载下的滞回环包络线作为 CSG 材料的应力-应变关系，将不同方案的包络曲线作归一化处理，如图 3-22 所示，图中 σ_d、ε_d 分别为各试件的峰值应力及对应应变值。根据图 3-22 各曲线的分布规律相同，总结得出典型曲线，如图 3-23 所示，根据曲线的分布特征，大致可将其划分为 AB 段、BC 段和 CF 段 3 个阶段。

第 1 阶段为 AB 段，该段应力应变曲线近似成直线型，此时 CSG 材料发生了弹性变形，可看作弹性材料。

　　第 2 阶段为 BC 段，应力-应变曲线不再保持为直线，而是切线斜率逐渐减小的曲线，说明对应时刻试件内部出现了新生裂纹且不断扩展；C 点为峰值应力，其大小反映材料对外部动载荷的最大抵抗力。

　　第 3 阶段为 CF 段，该段的特点是应力逐渐减小，应变继续增加，材料表现出软化特性，该段内曲线存在明显的拐点 D 和收敛点 E，CD 段的应力降低速度大于应变增长速度；DE 段应力降低速度小于应变增长速度；过了 E 点后，变形增长速度继续加大，应力降低速度变缓，最后趋于残余强度（骨料自身强度），且应力应变曲线下降段收敛点 E 受水泥含量和围压的影响较大。

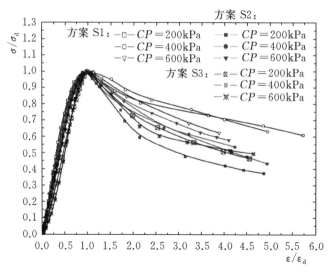

图 3-22　CSG 材料应力-应变无量纲曲线（参见文后彩图）

　　参考混凝土应力-应变关系数学函数模型[82-84]，经比较分析后采用分段式曲线方程描述 CSG 材料的全应力-应变曲线。CSG 材料的全应力-应变曲线定义为两部分，即上升段和下降段，拟合方程为

$$上升段(0 \leqslant x \leqslant 1)：y = a_1 x + a_2 x^2 + a_3 x^3 \tag{3-4}$$

$$下降段(x > 1)：y = \frac{x}{bx(x-1)+x} \tag{3-5}$$

其中

$$x = \varepsilon / \varepsilon_d$$

$$y = \sigma / \sigma_d$$

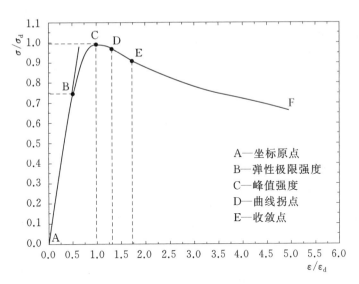

图 3-23　CSG 材料典型应力-应变无量纲曲线

式中　a_1、a_2、a_3、b——根据试验数据拟合得到的上升段与下降
　　　　　　　　　　　　段方程系数，与围压和水泥含量相关，
　　　　　　　　　　　　拟合结果如表 3-4 所示。

表 3-4　不同围压下 CSG 材料的全应力-应变曲线参数拟合结果

配合比方案	围压/kPa	上　升　段				下　降　段	
		a_1	a_2	a_3	相关系数 R^2	b	相关系数 R^2
S1	200	1.825	−0.490	−0.357	0.9991	0.166	0.9973
	400	1.696	−0.330	−0.380	0.9994	0.130	0.9943
	600	1.483	−0.097	−0.427	0.9991	0.121	0.9927
S2	200	1.566	0.1018	−0.6739	0.9994	0.3268	0.9922
	400	1.262	1.632	−1.504	0.9996	0.2812	0.9925
	600	0.862	1.72	−1.593	0.9992	0.2378	0.9964
S3	200	1.022	0.9478	−0.9706	0.9997	0.4804	0.9877
	400	0.6381	1.388	−1.026	0.9999	0.3311	0.9972
	600	1.825	1.490	−1.357	0.9991	0.166	0.9973

3.4　本章小结

本章利用大型动三轴仪，采用不同的循环加卸载方式，针对不同配合比的 CSG 材料，对材料的动强度、变形、动模量及全应力应变曲线进行分析研究，并建立了材料的动本构方程，得出以下结论：

（1）在变幅循环荷载下，试件的强度随着水泥含量增加而增大，残余强度则减小；相同水泥含量时，随着围压的增大，试件的峰值应力增大，残余强度也越大。等幅循环荷载下，将试件最大应变为 1% 作为破坏标准，可确定不同试验条件下试件疲劳寿命。

（2）在循环荷载作用下，应力-应变曲线的加载和卸载段不重合，形成下部不闭合的滞回环，不闭合程度表示单个滞回环的塑性应变。在整个循环过程中，滞回环分布呈疏—密—疏的 3 个阶段特征，下部开口呈大—小—大的变化特征。进而将累积应变曲线分为初始、等速和加速 3 个阶段，不同阶段间存在明显的临界应变值，且临界应变值随着围压及水泥含量的增大而增大。从每个阶段经历的循环次数看，初始阶段循环次数相同；等速阶段循环次数最多，且随着围压及水泥含量增大而增大；加速阶段循环次数又减少；同一种水泥含量，随着围压的增大，加速阶段循环次数增加，说明围压的侧向限制使材料达到临界破坏应变后的破坏受到了一定的制约。

（3）根据滞回环的特点，确定相应的动模量计算方法，受到材料非线性的影响，弹性模量随着应变的增大呈非线性减小趋势：在压实阶段，弹性模量递减速率较大；随着试件压实到一定程度，试件进入弹性阶段，弹性模量递减速率减小，变化曲线接近直线；当试件进入裂纹扩展阶段后，弹性模量递减速率又逐渐增大。同时，弹性模量随着围压及水泥含量的增大而增大。

（4）采用应力-应变包络线的方式，将动荷载作用下的 CSG 材料应力-应变曲线大致可以分为 3 个阶段：第 I 阶段，应力-应变曲线近似为直线，此时 CSG 材料发生了弹性变形，可看作弹性材料；

第Ⅱ阶段，应力-应变曲线的切线斜率逐渐减小，表明试件内部裂隙在不断扩展，但发展比较稳定；第Ⅲ阶段，峰值应力后的曲线，特点是应力逐渐减小，应变增长速度加快，材料表现出软化特性。在此基础上，建立了 CSG 材料的动本构方程。

第 4 章

胶凝砂砾石材料滞后效应研究

4.1 非线性滞后分析

根据线弹性理论，如果 CSG 材料是理想的弹性体，那么在循环动应力作用下，应力和应变关系应满足胡克定律，二者之间一一对应，即动应力和动应变同步。根据第 3 章内容，由于组成 CSG 材料的粗骨料（砾石）形状的不规则，加上胶结浆液不能完全充填骨料间的缝隙，从而导致材料内部分布着许多裂纹、孔洞以及微结构边界。正是受到自身内部组成结构特点的影响，CSG 材料应力-应变关系并非为直线，而是二者之间存在滞后现象，动应力与时间曲线和相应的动应变与时间曲线并不完全对应，两者之间存在一定的时间差，应力-应变关系表现为非线性，即应力与应变的相位差可能为正值、零或负值。若应力与应变相位相同，则相位差为零，材料是线弹性的；应力与应变相位不同，则存在相位差，材料是非线性的。

基于前面关于累积应变分布的三阶段划分，在不考虑围压的情况下，对变幅和等幅循环加载两种情况下不同累积应变阶段的应力、应变与时间的关系进行归一化分析，进而分析整个循环加载过程中材料的非线性特征及滞后效应的强弱。

根据试验结果，采用式（4-1）[85]对应力-时间和应变-时间曲线进行归一化处理：

$$u_{Ni} = \frac{u_i - u_{imin}}{u_{imax} - u_{imin}} \qquad (4-1)$$

式中　u_{Ni}——第 N 个滞回环应力式应变归一化值；

　　　u_i——第 N 个滞回环随时间变化的应力或应变值；

$u_{i\min}$——第 N 个滞回环对应的最小的应力或应变值；

$u_{i\max}$——第 N 个滞回环对应的最大的应力或应变值。

4.1.1 变幅循环加载下非线性滞后分析

在变幅循环荷载作用下，每个滞回环的上限应力按等差数列逐级增加，直至试件破坏。选取不同累积应变阶段对应的典型滞回环进行归一化处理（图 4-1）。由图可以看出，应力、应变随时间的变化曲线并不重合，对于单个滞回环而言，在加载阶段，第一个循环的应力曲线滞后于应变曲线，应力与应变二者相位差为负值；以后的每一个循环，应变曲线部分超前于应力曲线，部分滞后于应力曲线，且在临近试件破坏前的一个循环，应变曲线滞后于应力曲线的部分增加。在卸载阶段，应变曲线始终滞后于应力曲线，应力与应变的相位差为正值，且滞后程度随着循环次数呈由大—小—大的变化趋势。在峰值位置，应变滞后于应力，且滞后程度随着循环次数的增加也呈现出大—小—大的趋势，同样，谷值也不重合。应变曲线在第一个和最后一个循环出现明显的改变，呈非正弦分布。

由分析可知，应力相位与应变相位之间存在一定的差值，对于试件经历的不同阶段而言，其相位差不同，说明应力应变不再保持线弹性关系，从而反映了滞后效应和程度。在循环加载初期，试件处于压实过程，非线性表现明显；随着试件内部空隙和原始微裂纹闭合完成，试件非线性程度减弱；随后伴随着试件内部新微裂纹萌生、开展并最终贯通，试件的非线性表现又变得明显。

对于单个滞回环，加载段应力应变曲线和卸载段不重合，滞回环顶部应力与应变不同步，下部不闭合，单个滞回环的起始应变与结束时对应应变不重合，存在一定的差值，即存在残余应变。根据试验结果，残余应变存在于整个循环加卸载过程，且残余应变的大小随着循环次数的增大先减小后增大，在试件破坏前的一个滞回环达到最大值，如图 4-2 所示。在加载初期，循环上限应力较小，该部分的残余应变主要是由于试件内部空隙和原始微结构的密实引起的，随着内部微结构逐渐被压实，塑性残余变形逐渐减小；当循环上限应力达到某一值时（根据第 3 章 3.1.1 节结果，此时上限循环

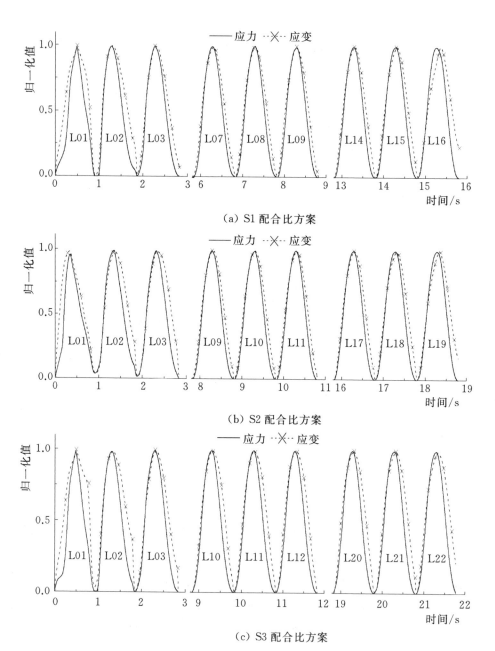

图 4-1　不同配合比方案的 CSG 材料应力与应变滞后关系曲线

应力为试件峰值强度的 75%～80%），试件内部出现新的裂缝，塑性残余应变又逐渐增大，试件开始逐渐破坏。

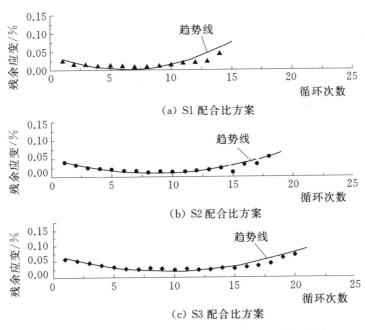

图 4-2　CSG 材料单个滞回环残余塑性应变分布

4.1.2　等幅循环加载下非线性滞后分析

在等幅循环荷载作用下，通过归一化处理，不同上限循环应力时应力与应变滞后关系如图 4-3~图 4-5 所示。从加卸载阶段看，在单个循环的加载过程，应力一部分滞后于应变，应力与应变的相位差为负值，而另一部应力超前于应变，相位差为正值，相位差的正负与循环次数有关；在卸载过程中，应力曲线始终超前于应变曲线，两者相位差为正值。受到试件结构和破坏特点的影响，在第一个和最后一个循环时应变曲线出现明显的改变，呈非正弦分布。

根据累积应变的三阶段分布特征，对于单个滞回环而言，在峰值位置，应力与应变二者的相位差可能为零，也可能为正值，相位差的大小表现了材料偏离线弹性性质的程度和产生滞后效应的强弱[86]，进而说明 CSG 材料表现出不同的滞后效应。对于单个循环的峰值位置，在累积应变的初始阶段，应变与应力二者相位差为正值，且随着循环次数逐渐减小；在等速阶段前期，相位差的变化与初始阶段仍保持一致，当接近等速阶段的中期时，相位差接近于

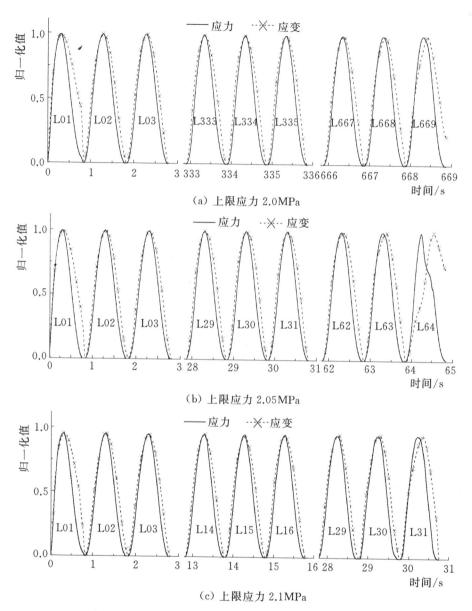

（a）上限应力 2.0MPa

（b）上限应力 2.05MPa

（c）上限应力 2.1MPa

图 4 - 3　不同上限应力的 CSG 材料应力与应变滞后关系曲线
（S1 配合比方案）

零，随后，相位差开始反向增加，应变与应力二者相位差又逐渐增大；进入累积应变的加速阶段后，应变峰值滞后于应力峰值的现象越来越明显，二者的相位差迅速增大，在试件破坏前的一个循环，

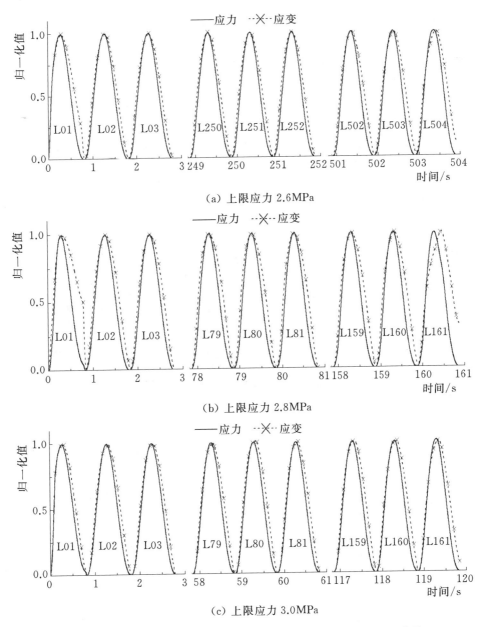

(a) 上限应力 2.6MPa

(b) 上限应力 2.8MPa

(c) 上限应力 3.0MPa

图 4-4 不同上限应力的 CSG 材料应力与应变滞后关系曲线
(S2 配合比方案)

滞后现象明显。对于加载阶段，应变与应力的相位差则有正有负，
而负值的部分呈由小—大—小的变化趋势。对于峰值应力与峰值应

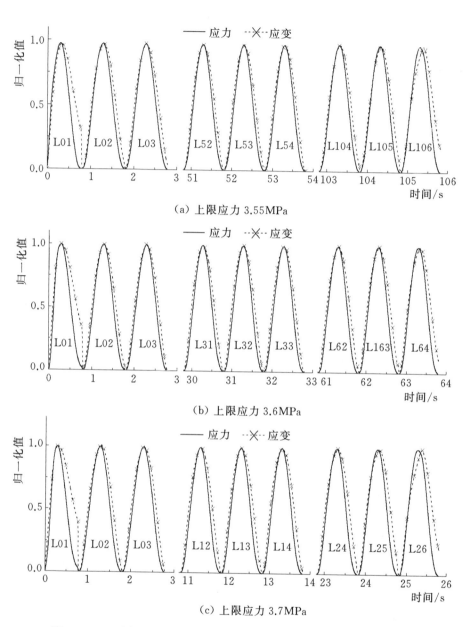

（a）上限应力 3.55MPa

（b）上限应力 3.6MPa

（c）上限应力 3.7MPa

图 4-5　不同上限应力的 CSG 材料应力与应变滞后关系曲线
（S3 配合比方案）

变的相位差为零的单个循环，相应加载段的应变与应力相位差则全
部表现为负值。卸载阶段不存在此种情况，应变始终滞后于应力，

说明在滞回环顶部应力反转处出现了应变滞后，也表明外部荷载反转时试件既有弹性变形，同时也存在塑性变形，塑性变形越明显，导致卸载阶段滞后现象也越明显。

图 4-6 给出了不同水泥含量和不同上限循环应力时单个滞回环对应的残余塑性应变。由图可知，对于单个循环，残余塑性应变随着循环次数的增加呈先减小后增大的趋势，从滞回环的形态上表现为下部开口先减小后增大。对于不同的上限循环应力而言，上限循环应力越小，整个循环过程中单个滞回环的塑性应变的最小值越接

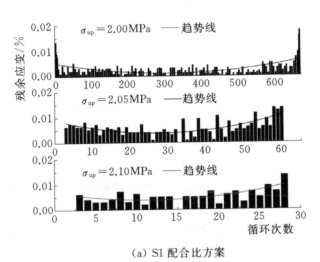

(a) S1 配合比方案

(b) S2 配合比方案

图 4-6（一）　不同配合比方案下 CSG 材料单个加卸载循环塑性应变分布

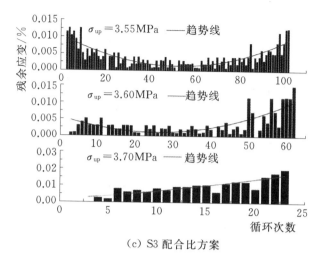

(c) S3 配合比方案

图 4-6（二）　不同配合比方案下 CSG 材料单个加卸载循环塑性应变分布

近零；上限循环应力越大，单个滞回环的下部张开越明显。整个循环过程中的累积残余塑性应变表现为逐渐增大的趋势。

　　当上限循环应力与试件峰值强度的比值较小时，在循环加载初期，试件被逐渐压实，试件内部的原始空隙和微裂纹逐渐闭合，此过程中伴随着塑性变形的产生，且逐渐减小；当原始空隙和微裂纹完全闭合后，试件内部新微裂纹萌生，开始产生新的塑性变形，且随着新微裂纹的发展和贯通而逐渐增大，在试件破坏前达到最大值。当上限循环应力与峰值强度的比值接近于试件的屈服强度时，试件内部原始空隙和微裂纹的闭合过程与新生裂纹的萌生过程存在重叠期，则塑性变形在整个循环过程中均较大，应变峰值滞后于应力峰值的现象明显。

4.2　滞回环形态分析

　　在每个循环中，加载和卸载曲线不重合，形成滞回环。滞回环的形态不仅反映了循环加卸载过程中应力和应变关系特征和阻尼特性等，还可进一步确定材料的动力学参数及相应的变化规律，如动弹性模量、阻尼比、能量耗散等，滞回环的演化规律包含了许多重要信息[87]，因此很有必要对 CSG 材料在循环荷载下的滞回环演化规律进行深入探讨。

4.2.1 变幅循环加载下的滞回环形态

图 4-7 为不同累积应变阶段各上限循环应力下的滞回环曲线,为方便分析,从整个循环过程中选取 L02、L05、L08 等几个典型滞回环进行分析。在整个循环过程中,滞回环始终没有闭合,下部有开口,开口大小代表了每个循环产生的残余塑性变形大小。从图 4-7 中可以看出,由于材料的非线性特性,加载段和卸载段曲线均偏向应变增大的方向;虽然滞回环顶部处对应的应力和应变不同步,但是由于相位差较小,从整体上看,外荷载反转处的应力-应变曲线表现为尖叶状,但是在接近试件破坏前的几个循环,由于应力与应变的相位差较大,且受到残余塑性应变的影响,导致外荷载反转处的应力-应变曲线表现为椭圆状;在循环初期,滞回环的下部开口较大,随后逐渐减小,当达到某一个值时,又逐渐增大,接近试

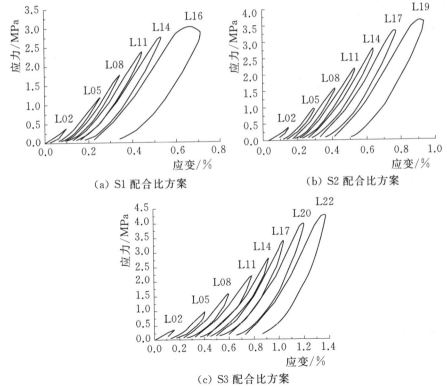

（a）S1 配合比方案　　　　　（b）S2 配合比方案

（c）S3 配合比方案

图 4-7　变幅循环加载下不同配合比方案下 CSG 材料的典型滞回环

件破坏时滞回环下部开口达到最大。

　　从单个滞回环的形状来看，第二个至试件破坏前的循环，滞回环的形状基本保持稳定，呈新月形，即在滞回环顶部荷载方向变化时，应变滞后于应力程度较小，塑性变形也较小，但弹性变形响应迅速。当接近加速阶段时，应力和应变最大值时刻不同步现象明显，峰值应变明显滞后于峰值应力，滞回环在荷载反转处尖状逐渐钝化，滞回环顶部的尖状向圆弧状过渡，下部开口明显增大，但此时的滞回环形状仍不符合椭圆形。说明试件接近破坏时，大量裂纹的贯通形成大裂缝后，试件的受力主要由骨料间的摩擦作用承担，从而出现黏滞现象；水泥含量越小，此现象越明显。

　　比较不同配合比方案下的典型滞回环变化（图 4 - 8），可以看出，在单个循环峰值应力相同时，随着水泥含量的增大，加卸载曲线的斜率减小，滞回环横纵比增大，形状逐渐变宽厚，滞回环面积增大，下部开口也逐渐增大，单个滞回环的残余塑性应变增大，说明随着水泥含量的增加，外力在做功过程中的能量耗散增大。

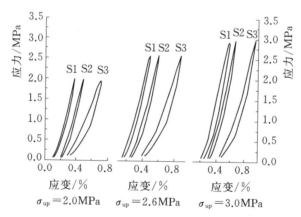

图 4 - 8　变幅循环加载不同加载阶段 CSG 材料的滞回环对比

　　在整个加卸载过程中，滞回环的不闭合程度随着循环次数的增加呈现出从大—小—大的变化过程，顶部由尖状向圆弧状转化。滞回环的形状受到应力-应变不同步、残余塑性应变以及黏滞作用的共同影响。

4.2.2 等幅循环加载下的滞回环形态

由于 CSG 材料内部具有较大的空隙特征，导致加卸载过程中每个循环都会有塑性应变的出现，从而造成滞回环下部的不闭合。图 4-9 为三种不同配合比方案下，不同上限循环应力对应于累积应变三个阶段的典型滞回环，从图中可以看出，每个滞回环形状基本相同，与分级循环加载下的滞回环形状相似，仍为新月形，且下部不闭合。对于不同的循环上限应力，在整个循环加载过程中，滞回环的形状和面积变化趋势相同，在初始阶段，滞回环横纵比较大，顶部尖叶状不太明显；进入等速阶段，特别是处于加卸载中期的滞回环（疲劳寿命一半时），滞回环横纵达到最小，顶部尖叶状也最明显，下部开口几乎闭合；在加速阶段，特别是靠近试件破坏前的滞回环，横纵比增大，在试件破坏前一个滞回环，面积达到整个循环的最大值，顶部尖叶状过渡为圆弧状。从整个加卸载过程来看，随

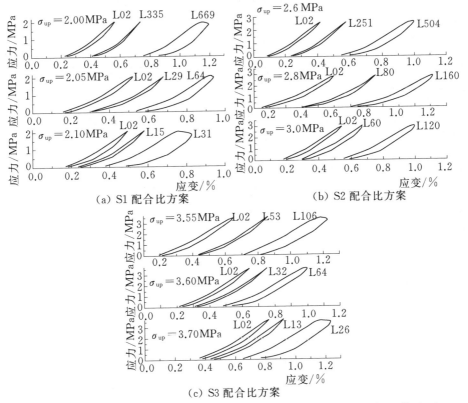

图 4-9 等幅循环加载下不同配合比方案下 CSG 材料的典型滞回环

着循环次数的增加，滞回环形状呈现宽—窄—宽变化，滞回环下部开口及面积先减小后增大。

对于不同的水泥含量，当上限循环应力与试件的峰值强度比值较小时，经历的循环次数越多，试件的疲劳寿命越大，等速变形阶段越长，滞回环扁瘦的数量越多，滞回环新月形越明显。当上限循环应力接近于试件的峰值强度时，循环次数越少，等速变形阶段越短，试件的疲劳寿命越小，滞回环扁瘦的数量越少，甚至整个循环中滞回环的下部开口均很明显。

由于 CSG 材料原始空隙及微裂纹等初始缺陷的存在，导致了材料具有非线性弹性和滞后性。通过分析发现，无论上限循环应力大小，在整个循环加载过程中残余塑性应变始终存在。

根据以上分析，CSG 材料的应力相位与应变相位在加载段和卸载段不同，二者相位差不相等，即循环荷载在应力方向变换时导致对应的应变相位改变，滞回环在荷载变换处为尖叶状，单个滞回环表现为新月形，且凸向应变增大的方向。研究表明，滞回环的形态受到塑性变形和材料黏滞性的影响，而黏滞性与材料内部液体和颗粒摩擦相关，由于试验试件为干燥试件，故其黏滞性的产生主要与材料内部颗粒摩擦有关。从滞回环的演化过程来看，累积应变初始阶段和等速阶段相应的滞回环均比较扁薄，而加速阶段的滞回环则逐渐趋于宽厚，特别是在荷载变换处逐渐向椭圆形变化，说明材料表现出一定的黏滞性特征。通过分析发现，试件在接近破坏时内部出现大量的裂纹，且沿胶结材料破裂，在受力过程中骨料间的摩擦挤压使材料表现出黏滞性，黏滞性对滞回环的影响主要出现在试件内部产生大量裂缝以后。

4.2.3 滞回环的描述

在一个完整循环周期内，若应变始终滞后于应力，滞回环呈椭圆形；若加载段应变超前于应力，卸载段应变滞后于应力，滞回环则呈新月形；若加载段既有滞后的部分，也有相等和超前的部分，滞回环则呈长茄形[85]。根据以上分析，CSG 材料在循环荷载作用下的滞回环以下部不闭合的新月形为主。为能够定量分析滞回环的演化规律，根据单个滞回环加卸段的应力-应变关系，将 CSG 材料的滞回环看作新月形，采用分段的方式进行描述，通过不同加载方式下的滞回环应力-应变规律研究滞回环的数学模型。

1. 变幅循环加载荷载

针对不同配合比方案，随着上限循环应力的增加，滞回环形状基本保持不变，如图 4-10 所示，以上限循环应力 1.0MPa、1.6MPa、2.0MPa、2.6MPa、3.0MPa 的单个滞回环为例，对加载和卸载两个阶段进行方程拟合。根据拟合结果，单个滞回环应力-应变曲线方程用式（4-2）描述，但加载段和卸载段的拟合参数不同。不同上限循环应力下对应典型滞回环拟合结果如表 4-1～表4-3 所示。

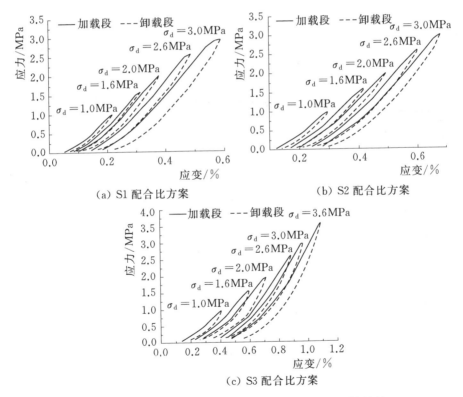

(a) S1 配合比方案

(b) S2 配合比方案

(c) S3 配合比方案

图 4-10　变幅循环加载下不同配合比 CSG 材料的
典型滞回环应力-应变曲线

67

$$\sigma = a \cdot e^{\frac{\varepsilon}{t}} - b \tag{4-2}$$

式中　σ——单个循环对应的应力；

ε——相应的应变；

a、t、b——参数。

表 4-1　　　　　变幅循环加载下 **S1** 配合比方案

CSG 材料滞回环拟合曲线参数

峰值应力 /MPa	循环 次数	加　载　段				卸　载　段			
		a	t	b	R^2	a	t	b	R^2
1.0	4	0.857	0.249	1.045	0.997	0.193	0.114	0.310	0.999
1.6	7	1.373	0.354	1.723	0.998	0.340	0.171	0.561	0.999
2.0	10	1.628	0.409	2.076	0.997	0.419	0.204	0.704	0.999
2.6	12	2.187	0.528	2.841	0.997	0.482	0.248	0.895	0.999
3.0	14	2.704	0.648	3.556	0.997	0.446	0.273	0.967	0.999

表 4-2　　　　　变幅循环加载下 **S2** 配合比方案

CSG 材料滞回环拟合曲线参数表

峰值应力 /MPa	循环 次数	加　载　段				卸　载　段			
		a	t	b	R^2	a	t	b	R^2
1.0	5	0.897	0.311	1.311	0.996	0.121	0.125	0.334	0.999
1.6	8	0.992	0.349	1.578	0.998	0.230	0.187	0.580	0.999
2.0	10	1.320	0.434	2.048	0.999	0.283	0.220	0.701	0.999
2.6	15	1.625	0.517	2.441	0.999	0.289	0.245	0.779	0.999
3.0	17	1.938	0.592	3.049	0.998	0.322	0.274	0.901	0.999

表 4-3　　　　　变幅循环加载下 **S3** 配合比方案

CSG 材料滞回环拟合曲线参数表

峰值应力 /MPa	循环 次数	加　载　段				卸　载　段			
		a	t	b	R^2	a	t	b	R^2
1.0	5	0.671	0.393	0.896	0.998	0.020	0.106	0.018	0.993
1.6	8	0.686	0.458	1.175	0.998	0.032	0.153	0.065	0.998

续表

峰值应力/MPa	循环次数	加 载 段				卸 载 段			
		a	t	b	R^2	a	t	b	R^2
2.0	10	0.692	0.462	1.192	0.998	0.033	0.174	0.090	0.999
2.6	13	0.699	0.503	1.387	0.998	0.043	0.214	0.184	0.999
3.0	15	0.700	0.515	1.529	0.999	0.050	0.232	0.248	0.999
3.6	18	0.733	0.548	1.750	0.999	0.047	0.248	0.304	0.999

2. 等幅循环荷载加载

对于同一种水泥含量的 CSG 材料而言，在不同上限循环应力作用下，上限应力越小，试件经历的循环次数越多，试件疲劳寿命越大，同时滞回环的分布也越紧密。将滞回环曲线分为加载段和卸载段两部分来考虑，不同试件在循环荷载下加卸载曲线仍满足以 e 为底的指数函数，即可用式（4-2）来描述。各配合比 CSG 材料滞回环拟合曲线方程如表 4-4~表 4-6 所示。

表 4-4　等幅循环加载下 CSG 材料滞回环拟合曲线参数表
(S1 配合比方案)

峰值应力/MPa	循环次数	加 载 段				卸 载 段			
		a	t	b	R^2	a	t	b	R^2
2.00	2	0.911	0.414	1.512	0.998	0.161	0.208	0.434	0.999
	200	0.144	0.242	0.597	0.999	0.042	0.176	0.291	0.999
	400	0.091	0.227	0.534	0.999	0.025	0.168	0.272	0.999
	600	0.114	0.263	0.738	0.998	0.026	0.186	0.375	0.998
	660	0.123	0.308	0.917	0.998	0.012	0.186	0.366	0.998
2.05	2	1.11	0.442	1.517	0.998	0.226	0.220	0.422	0.999
	10	0.454	0.320	0.827	0.999	0.130	0.205	0.325	0.999
	30	0.266	0.293	0.723	0.999	0.050	0.180	0.218	0.999
	40	0.196	0.278	0.634	0.999	0.031	0.170	0.188	0.999
	50	0.169	0.276	0.613	0.999	0.021	0.166	0.180	0.998
	62	0.145	0.272	0.625	0.998	0.009	0.159	0.176	0.997
	2	1.091	0.404	1.598	0.997	0.155	0.182	0.372	0.999

续表

峰值应力/MPa	循环次数	加 载 段				卸 载 段			
		a	t	b	R^2	a	t	b	R^2
2.10	6	0.487	0.294	0.905	0.999	0.137	0.187	0.373	0.999
	12	0.412	0.288	0.847	0.999	0.105	0.181	0.333	0.999
	17	0.399	0.293	0.874	0.998	0.104	0.190	0.364	0.999
	24	0.301	0.278	0.768	0.999	0.074	0.182	0.320	0.999
	30	0.301	0.3061	0.8641	0.999	0.036	0.176	0.257	0.999

表 4 - 5　等幅循环加载下 CSG 材料滞回环拟合曲线参数表（S2 配合比方案）

峰值应力/MPa	循环次数	加 载 段				卸 载 段			
		a	t	b	R^2	a	t	b	R^2
2.60	2	1.719	0.410	2.094	0.999	0.692	0.259	0.985	0.999
	100	1.040	0.363	1.677	0.999	0.425	0.244	0.878	0.998
	200	0.949	0.368	1.684	0.999	0.319	0.235	0.797	0.999
	300	0.793	0.359	1.593	0.999	0.334	0.255	0.916	0.999
	400	0.771	0.385	1.685	0.999	0.261	0.255	0.863	0.998
	500	0.533	0.424	1.623	0.998	0.074	0.235	0.580	0.999
2.80	2	1.746	0.559	2.195	0.998	0.585	0.245	0.478	0.999
	30	0.385	0.334	0.867	0.999	0.094	0.216	0.318	0.999
	60	0.288	0.321	0.821	0.999	0.062	0.207	0.310	0.999
	90	0.250	0.323	0.831	0.999	0.045	0.205	0.295	0.999
	120	0.202	0.322	0.812	0.999	0.030	0.201	0.279	0.999
	150	0.182	0.349	0.908	0.999	0.019	0.208	0.289	0.999
3.00	2	2.562	0.532	2.849	0.999	0.674	0.253	0.896	0.998
	30	2.170	0.506	2.610	0.999	0.508	0.244	0.799	0.998
	60	1.831	0.481	2.373	0.999	0.325	0.218	0.607	0.997
	90	1.622	0.482	2.300	0.999	0.257	0.220	0.596	0.998
	120	1.389	0.541	2.452	0.999	0.100	0.225	0.535	0.995

表 4 - 6　等幅循环加载下 CSG 材料滞回环拟合曲线参数表
(S3 配合比方案)

峰值应力 /MPa	循环次数	加　载　段				卸　载　段			
		a	t	b	R^2	a	t	b	R^2
3.55	2	4.114	0.870	5.083	0.999	0.574	0.313	1.102	0.999
	20	1.194	0.485	2.361	0.999	0.400	0.315	1.191	0.999
	40	1.158	0.500	2.545	0.999	0.397	0.331	1.359	0.999
	60	1.191	0.525	2.773	0.999	0.384	0.341	1.496	0.999
	80	1.341	0.575	3.200	0.999	0.267	0.321	1.320	0.999
	100	1.465	0.651	3.700	0.999	0.202	0.329	1.338	0.999
3.60	2	2.299	0.591	3.258	0.999	0.834	0.357	1.548	0.999
	10	1.152	0.437	2.008	0.999	0.548	0.319	1.198	0.999
	20	1.067	0.434	2.000	0.999	0.532	0.325	1.267	0.999
	30	1.130	0.457	2.164	0.999	0.527	0.334	1.318	0.999
	40	1.093	0.464	2.178	0.999	0.437	0.323	1.207	0.999
	50	0.937	0.451	2.034	0.999	0.396	0.325	1.207	0.999
	60	1.143	0.530	2.494	0.999	0.270	0.313	1.056	0.999
3.70	2	1.938	0.638	3.322	0.999	0.335	0.313	1.043	0.999
	5	0.996	0.483	2.113	0.999	0.253	0.296	0.903	0.999
	10	0.832	0.466	1.960	0.999	0.194	0.286	0.815	0.999
	15	0.792	0.475	2.010	0.999	0.166	0.286	0.832	0.999
	20	4.114	0.870	5.083	0.999	0.574	0.313	1.102	0.999
	25	1.194	0.485	2.361	0.999	0.400	0.315	1.191	0.999

　　根据不同加载下的单个滞回环描述，加载方式不影响加、卸载段应力-应变的形状，变幅及等幅加卸载荷载下的滞回环均可用式（4 2）描述，进而确定 CSG 材料的滞回环应力-应变关系。

4.3　胶凝砂砾石材料的能量演化特征

　　循环试验过程中能量交换和分布规律，可直观反映 CSG 材料的动力学特性和破坏特征的内在规律，从能量角度分析 CSG 材料在动荷载过程中的能量耗散规律以及与弹性能的转换关系，以期为材料的动力特性和本构关系研究提供参考，并为下一步的阻尼分析和损伤评价提供基础数据。

4.3.1　能量演化分析

根据功能转换原理，在循环加卸载过程中，试件从外界吸收的能量一部分转换为自身的弹性应变能，另一部分则以声能、热能、辐射能及裂纹萌生、扩展等所需要的能量等形式消耗掉，即耗散能，根据试验过程结果，对于胶凝砂砾石材料而言，能量耗散主要用于试件内部微缺陷的不断闭合、新生裂纹萌生和发展。根据能量守恒原理，不考虑加卸载过程中与外界热交换，外荷载所做的外力功全部转化为弹性应变能和耗散能，能量方程即式（4-3）：

$$U=U^e+U^d \tag{4-3}$$

式中　U^e——弹性应变能；

　　　　U^d——单元耗散能。

根据 CSG 材料在循环加卸载过程中的滞回曲线特点（图 4-11）为：在加载阶段，A 点为加载起始点，B 点为应力极值点，由于应变滞后于应力，当应变位于 C 点时达到极值；进入卸载段以后，应力到达 D 点时应力达到极值，而此时应变仍继续减小至 E 点达到应变极值；由于残余塑性应变的存在，滞回环下口不闭合，且残余应变的大小随着循环次数而变化。从 A 点至 B 点的加载段，在

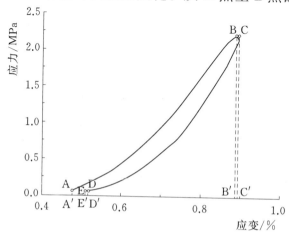

图 4-11　CSG 材料典型滞回环曲线

外力作用下，应力与应变同时增大，外力对试件做正功；达到应力极值 B 点后，应力反向减小，在滞后效应的影响下，应变仍继续增大至极值点 C，故 BC 段仍然是外力对试件做正功。随后，随着应力的反转下降，进入卸载阶段，应变逐渐减小至 D 点，此过程中试件内部储存的弹性变形能释放，外力对试件做负功。当应力降至极值点 D 后，外荷载反向增大，试件内部应力同时反向增加，但应变尚未到达极值点，仍然继续减小至极小值 E 点，此时外力对试件仍继续做负功，直到应变开始反向增大。

结合 CSG 材料滞回环的形态分析，由于每个滞回环都存在不同程度的残余应变，而残余应变消耗的能量也是耗散能的一部分。假定加卸载过程中不考虑热能消耗，加载曲线与应变轴所围面积 $ABCC'A'$ 为外力所做总功 U；卸载曲线与应变轴所围面积 $BCC'E'E$ 为释放的弹性应变能 U^e，二者之差为耗散能 U^d。由图 4-11 可以看出，考虑滞后效应和塑性残余变形之后，耗散能由两部分组成，即 ABCDEA 围成的面积 U_1^d 和 $AEE'A'A$ 围成的面积 U_2^d，其中，U_2^d 计入了塑性残余变形对耗散能的影响。

1. 变幅循环加载

根据循环荷载下 CSG 材料的滞回环形态及上述能量计算方法，不同配合比方案下能量分布规律如图 4-12 所示。

从总体趋势上来看，总能、弹性能及耗散能均随着循环次数的增加而呈匀速增长趋势，但当循环加载至试件破坏前几个循环时，总能和耗散能的增长速率突然增大，而弹性能则趋于稳定，甚至会出现减小。

在变幅加载条件下，随着循环次数增大，循环上限应力逐渐增大，外力对试件做功逐渐增大。整个加载过程中，试件经历压实—弹性变形—塑性变形—破坏四个阶段。由于压实阶段处于加载初期，而此时上限循环应力尚小，试件应变小，当压实至一定程度后，试件内部大部分初始裂纹闭合，试件变形以线弹性为主，弹性能呈线性增长，当上限循环应力超出试件弹性极限应力后，试件内部开始出现新裂纹的萌生，并在循环外力的作用下迅速扩张，此时外力功一部分用于克服试件内部黏结作用，导致外力功突然增大，一部分能量随着试件的破裂而被消耗则导致耗散能突然增大，这也预示着试件开始进入破坏阶段。

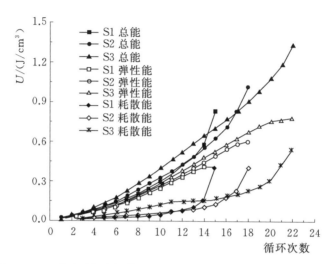

图 4 - 12　变幅循环加载下不同配合比方案 CSG 材料总能、
弹性能及耗散能与循环次数的关系（参见文后彩图）

2. 等幅循环加载

等幅循环荷载作用下不同方案能量与循环次数的关系如图 4 - 13 所示。总能及耗散能随着循环次数的增加呈 U 形分布，弹性能为恒定值，在破坏前的一两个循环出现减小趋势。

等幅循环荷载作用下，上限循环应力为定值，对于同一试件，上限循环应力越大，加载过程中对试件做功越大，外力功 U 主要转化为弹性能 U^e 释放，以及用于卸载阶段塑性变形及新生裂纹耗散能 U^d。在整个循环过程中，弹性能 U^e 基本为恒定值，而总能和耗散能在初始阶段快速降低，加速阶段快速增大，等速阶段则基本为恒定值。受到试件内部组成影响，试件初始孔隙率较大，内部存在原始的孔洞和微裂纹，由于试验选用上限循环应力较大，在第一次循环加载时，试件内部孔洞和微裂纹快速闭合，且大部分孔洞和微裂纹闭合基本完成，造成第一次循环加卸载后出现较大的塑性应变（普遍存在第一个滞回环下部开口较大），同时消耗一部分能量。

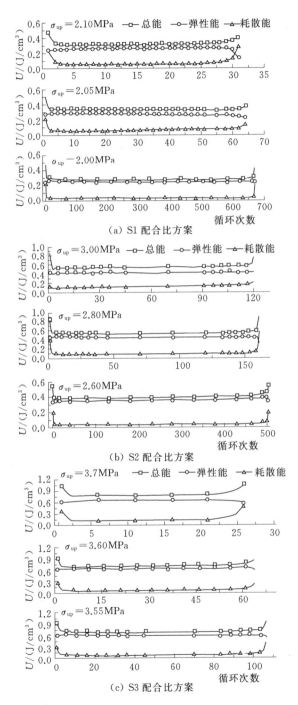

图 4-13　等幅循环加载下不同配合比方案 CSG 材料的总能、
弹性能及耗散能与循环次数的关系

由图 4 - 13 可知，第一个循环的弹性能和耗散能基本相同，当进入等速阶段后，由于初始孔洞闭合基本完成，耗散能主要以微裂纹闭合和新裂纹萌生所产生的塑性变形为主，耗散能较小。当进入加速阶段后，由于试件内部大量新裂纹的出现甚至贯通，导致塑性变形急速增大，耗散能增大，外力功增大，此时由于试件本身出现破坏而导致弹性能小幅降低。从整个能量的分布特征看，总能的大小依赖于耗散能的大小，且主要通过单个循环应变的增大来实现，弹性能则保持不变。

相同水泥含量下，随着上限循环应力增大，作用于试件的总能量增大，弹性能变化不大，耗散能增大，说明单个循环加卸载过程中产生的塑性变形增大，从而也导致试件整体循环次数减小，疲劳寿命降低。弹性能随着水泥含量的增大而增大，说明弹性能主要由试件内部的胶凝体来提供，胶凝材料越多，在加载过程中弹性能越大。

4.3.2　破裂模式

1. 变幅循环荷载下胶凝砂砾石材料的破裂模式

根据前面依据应变过程划分的三个阶段，在初始阶段和等速阶段前期的一段时间内，试件表面无明显变化，宏观上可认为试件处于弹性状态；当加载循环至等速阶段后期且接近加速阶段时，试件表面局部出现竖向裂缝，并瞬间向外膨胀，胶结块体或粗骨料脱落，试件破坏，最终形成沿斜截面破坏的上下两部分，试件中部的骨料与胶结体分离，骨料本身完好[30,38]，如图 4 - 14 所示。从整个加卸载过程看，循环荷载下 CSG 材料从裂缝产生到破坏经历时间极短，整个过程缺少破裂过渡段，试件破坏后整个加载系统失稳。试件破坏的重要表现就是内部弹性能的快速释放，进而发生突变（非平衡相变）。

从宏观表象看，试件在破坏前表层多为竖向短裂缝，裂缝位于粗骨料周边，由于试件在破坏前均出现明显的膨胀，说明试件的破坏是由内向外发展的过程；试件破坏后形成斜截面，据此可判断试件最终为沿斜截面的剪胀性破坏。

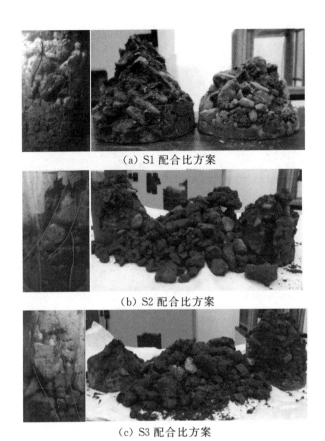

（a）S1 配合比方案

（b）S2 配合比方案

（c）S3 配合比方案

图 4-14　变幅循环荷载下不同配合比 CSG 材料破坏过程
（参见文后彩图）

2. 等幅循环荷载下胶凝砂砾石材料破裂模式

在等幅循环荷载下，试件承受的上限循环应力为定值，根据加载过程中的能量分布特点，除了第一个和最后一个循环，单个循环外力对试件做功为一恒定值（等速阶段），试件内部弹性能基本保持不变。随着试件内部微裂纹的发展，塑性变形累积至一定程度时，内部弹性能快速释放，试件由胶结体变为散粒体，试件的承载力主要由粗骨料及骨料间的相互摩擦作用承担，试件内部整个平衡体发生突变，导致试件内部丧失胶结能力的粗骨料快速脱落。对于不同水泥含量的试件，作用上限循环应力不同，经历的循环次数不同，但试件的破坏模式基本相同，试件破坏后形成斜截面，据此可

判断试件最终为沿斜截面的剪胀性破坏。破裂过程及最终破裂模式
如图 4-15～图 4-17 所示。

（a）上限应力 2.0MPa

（b）上限应力 2.05MPa

（c）上限应力 2.1MPa

图 4-15　等幅循环荷载下不同上限应力的 CSG 材料破坏过程
（S1 配合比方案）（参见文后彩图）

　　根据不同循环加载方式下的破裂过程分析可知，在初始阶段和
等速阶段前期，试件以弹性变形为主，在接近加速阶段的等速阶段
后期，随着试件内部新裂纹的萌生和扩展，塑性应变快速增大。在外
力功一定的前提下，由于破坏过程很短，胶结体快速破坏，同时克服
胶结体破坏所需耗散能增大，破坏后胶结体失效，导致弹性能突然减
小。从宏观表象来看，试件中部首先出现沿骨料周边的裂缝，随着裂
纹的连通，试件向外部膨胀，骨料与胶结体分离，试件中间部位的单
个骨料或胶结块体由于试件的膨胀而脱落，形成沿斜截面的破裂带，
试件上下两端受到加载板的限制而保持了较好的完整性。

　　从整个加卸载过程看，循环荷载下 CSG 材料从裂缝产生到破坏

（a）上限应力 2.6MPa

（b）上限应力 2.8MPa

（c）上限应力 3.0MPa

图 4-16　等幅循环荷载下不同上限应力的 CSG 材料破坏过程
（S2 配合比方案）（参见文后彩图）

经历时间极短，整个过程缺少破裂过渡段，试件破坏后整个加载系统失稳。从试件破坏过程中的宏观裂缝分布及破坏后的试件状态来看，CSG 试件宏观表现形式为沿试件 45° 方向的斜截面剪胀破坏，破坏后的试件形成沿斜截面的主破裂带，同时存在轴向破坏；受上下两端加载板影响，在试件两端形成 2 个压缩区，导致试件内部微裂纹扩展、贯通，产生轴向方向的裂缝，由于剪胀作用的影响，裂缝不断向外部扩展，形成潜在的破坏面。对于部分试件而言，破坏后上下两部分呈锥形，表现为共轭型破裂面，其主要原因仍是由于剪胀破坏导致，即有主次两个斜破裂面共同作用所致，在剪切过程中形成主破裂面，随后由于剪胀作用导致次破裂面的出现，从而形成共轭型破坏。

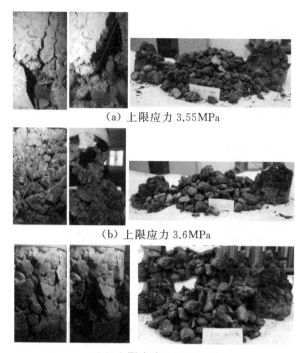

(a) 上限应力 3.55MPa

(b) 上限应力 3.6MPa

(c) 上限应力 3.7MPa

图 4-17 等幅循环荷载下不同上限应力的 CSG 材料破坏过程
（S3 配合比方案）（参见文后彩图）

4.4 胶凝砂砾石材料阻尼效应研究

阻尼比反映材料在循环荷载下应力-应变关系滞回环表现出的滞后性，以及由于材料内部阻力作用而产生的能量损失的性质。研究结果表明[88-89]，岩土类材料在循环荷载下的滞回环一般为椭圆形，如图 4-18 所示，《水电水利工程土工试验规程》（DL/T 5355—2006)[90]中对称性椭圆形滞回环的阻尼比（λ）给出了定义，其相应的计算公式为

$$\lambda = \frac{1}{4\pi}\frac{A}{A_s} \tag{4-4}$$

式中 A——单个闭合滞回环的面积，表示加卸载过程中单个循环的耗散能；

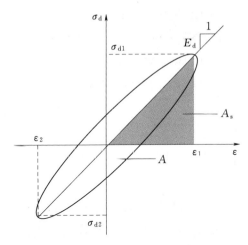

图 4 - 18　岩土材料典型滞回环

　　A_s——单个循环内的峰值应力点及相应极值应变点和椭圆滞
　　　　　回环中心点所围成的三角形面积，$4A_s$ 表示一个加卸
　　　　　载循环内所储备的最大弹性应变能。

　　对于大多数岩土和混凝土材料而言，特别是椭圆形滞回环，其
阻尼比大多按式（4 - 4）进行计算。但由于 CSG 材料的滞回环为新
月形，其滞回环在几何上不满足对称性条件，因此严格意义上并不
符合式（4 - 4）的前提条件。

　　针对单个滞回环，将加卸载方程式（4 - 2）代入式（4 - 4），得
到单个滞回环的耗散能，即

$$U_i^d = U_i - U_i^e = \int_{\varepsilon_i^0}^{\varepsilon_i^d} (a_u e^{\frac{\varepsilon}{t}} - b_u) d\varepsilon - \int_{\varepsilon_i^e}^{\varepsilon_i^d} (a_d e^{\frac{\varepsilon}{t}} - b_d) d\varepsilon \quad (4 - 5)$$

　　根据阻尼比的定义，式（4 - 4）可修改为耗散能与弹性应变能
之比再除以 π，即

$$
\begin{aligned}
\lambda_i &= \frac{1}{\pi} \frac{U_i^d}{U_i^e} = \frac{1}{\pi} \frac{\displaystyle\int_{\varepsilon_i^0}^{\varepsilon_i^d} (a_u e^{\frac{\varepsilon}{t}} - b_u) d\varepsilon - \int_{\varepsilon_i^e}^{\varepsilon_i^d} (a_d e^{\frac{\varepsilon}{t}} - b_d) d\varepsilon}{\displaystyle\int_{\varepsilon_i^e}^{\varepsilon_i^d} (a_d e^{\frac{\varepsilon}{t}} - b_d) d\varepsilon} \\
&= \frac{1}{\pi} \left(\frac{\displaystyle\int_{\varepsilon_i^0}^{\varepsilon_i^d} (a_u e^{\frac{\varepsilon}{t}} - b_u) d\varepsilon}{\displaystyle\int_{\varepsilon_i^e}^{\varepsilon_i^d} (a_d e^{\frac{\varepsilon}{t}} - b_d) d\varepsilon} - 1 \right) \quad (4 - 6)
\end{aligned}
$$

式中　λ_i——第 i 个滞回环的阻尼比；

　　　ε_i^0——第 $i-1$ 个滞回环的应变极小值；

　　　ε_i^d——第 i 个滞回环应变极大值；

　　　ε_i^e——第 i 个滞回环的应变极小值；

　　　i——循环次数，$i=1，2，3，\cdots，N$。

利用式（4-6）和式（4-2）计算可得不同配合比方案下 CSG 材料的阻尼比演化曲线，如图 4-19 和图 4-20 所示，对于不同的加载方式，阻尼比演化曲线也可分为 3 个阶段，整体上呈 U 形。由图可知，第一阶段阻尼比快速下降，受到加载初始加载不稳定等因素影响，导致第一个循环的阻尼比最大，第一阶段阻尼比为 [0.075，0.32]；在经历三个循环后，进入第二阶段，阻尼比表现为先减小后增大的抛物线，阻尼比为 [0.075，0.13]；当进入第三阶段后，由于试件内部大量裂缝的存在，耗散能突增，阻尼比快速增大，阻尼比为 [0.075，0.25]。同时，由图可知，阻尼比随着水泥含量的增大而增大。

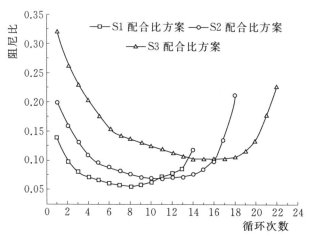

图 4-19　变幅循环加载下 CSG 材料的阻尼比演化曲线

等幅循环加载下阻尼比演化如图 4-20 所示。由图可知，等幅循环加载下阻尼比分布规律与变幅加载下相同，也可分为三个阶段，第一阶段阻尼比为 [0.025，0.035]；第二阶段阻尼比为 [0.02，0.03]；第三阶段阻尼比为 [0.030，0.1]。

在加载的初期阶段，由于试件内部原始缺陷的存在，试件受到外力后处于压密状态，在滞回环形态上表现为其面积和下部开口相对较大，能量消耗较大（第一个循环尤为突出），故阻尼比也较大。第二阶段，在等幅循环加载条件下，上限循环应力相同时，外界对试件所做总功相同，单个滞回环的面积也基本相同，而塑性变形则不同，从而阻尼比分布规律与残余塑性应变分布规律相似。第三阶段，试件内部出现大量裂缝后，滞回环残余塑性应变增大，同时骨料间的摩擦滑移也消耗了一部分能量，特别是破坏前一个循环，从而导致阻尼比增大明显。

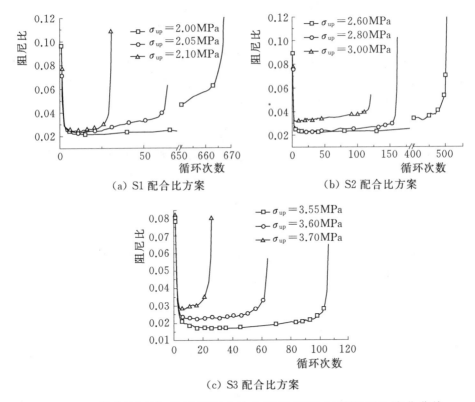

(a) S1 配合比方案

(b) S2 配合比方案

(c) S3 配合比方案

图 4-20　等幅循环加载不同配合比方案的 CSG 材料阻尼比演化曲线

研究表明，由于每个滞回环都存在不同程度的残余变形，耗散能主要由阻尼力做功和塑性变形能两部分组成，故残余变形对材料阻尼比的影响不可忽略。

4.5 本章小结

根据动三轴加卸载循环试验，深入研究了 CSG 材料的非线性滞后效应，分析了滞回环的形态及能量转换特征，并基于能量分布特征对材料的阻尼效应进行了分析研究，得出以下结论：

（1）在循环加卸载过程中，CSG 材料具有明显的非线性力学特性，且在循环加卸载过程中表现出滞后效应。在加载阶段，受到残余塑性应变的影响，应变一部分超前于应力，而另一部分滞后于应力，应变与应力二者相位差大小与循环次数相关；在卸载阶段，应变始终滞后于应力，试件接近破坏时滞后程度达到最大值。

（2）根据应变与应力的滞后关系，以及不同程度的塑性应变，导致滞回环呈新月形，滞回环下部开口的不闭合程度反映滞回环塑性残余应变的大小，塑性残余应变随着循环次数的增大表现为大—小—大的分布规律。滞回环曲线可描述为以 e 为底的指数函数。

（3）根据 CSG 材料滞回环的分布特点，得出了基于滞回环特征的能量计算方法，分析了循环荷载下 CSG 材料的能量机制。在变幅循环加载下，总能、弹性能及耗散能均随着循环次数的增加而呈匀速增长趋势；等幅循环加载下，除第一个循环外，总能、弹性能及耗散能均随着循环次数的增加而基本保持不变。当循环加载至破坏前几个循环时，总能和耗散能的增长速率突然增大，而弹性能则减小。即进入加速阶段后，由于试件内部大量新裂纹的出现甚至贯通，导致塑性变形急速增大，耗散能增大，外力功增大，此时由于试件本身出现破坏而导致弹性能降低。试件内部裂纹的产生及砂砾料间的摩擦滑移以耗散能形式消散掉，而未破坏的部分则以弹性能的形式储存在试件内。

（4）根据试件破裂过程中的宏观表象，当试件受力达到某一值时，内部出现新生裂纹，并呈离散性分布。随着外部荷载继续增加，内部裂纹数量增多，并逐渐连接贯通，最终形成主破裂带，同时试件宏观上开始膨胀，试件的破坏模式主要为剪胀破坏，受自身组成骨料形状的影响，微裂纹间的连通围绕骨料周边呈现明显的曲折线。

（5）鉴于 CSG 材料滞回环的特点，结合能量法得出了阻尼比的计算方法，讨论了阻尼比的演化规律，阻尼比分布规律与加载方式及配合比无关，整体呈 U 形分布；阻尼比大小与滞回环面积及塑性残余应变正相关，且受到加载方式及配合比的影响。

第5章

胶凝砂砾石材料的细观滞回模型研究

    CSG 材料的力学性质取决于其构成成分及结构特点，由于其本身胶凝材料含量少、骨料表面形状不规律，导致 CSG 材料自身空隙率较大，从自身细观结构来看，与天然岩石具有一定的相似性。根据上述研究，CSG 材料的粗骨料为卵石，在破坏过程中保持自身的完整性，变形量主要来自材料自身的空隙和胶凝材料失效，故 CSG 材料的物理力学性能主要取决于胶凝材料含量的多少。从细观角度出发，材料内部的胶凝材料可看作不同数量的细观结构体，其数量的多少直接影响材料的整体力学特性。

    从细观角度出发，美国学者 Guyer 和 Johnson 将弹性性质有近乎刚性的颗粒和可以产生弹性变形的黏结层决定的物质称为非线性细观弹性材料[91]，如常见的泥土、沙子、混凝土等类似复合材料，并认为 NME 材料是由大量的滞后细观弹性单元构成的[92]。结合上述研究以及 CSG 材料自身组成和结构特点，可将之归入 NME 材料的范畴，进而从细观角度研究其应力-应变关系。

    前文研究发现，在循环荷载作用下，CSG 材料表现出明显的非线性滞后特征，其应力-应变曲线为下部不闭合的新月形滞回环。为更好地揭示其动本构关系，本章从细观的角度出发，引入细观模型，即将 CSG 材料看作一种 NME 材料，在 P-M 非线性弹性模型的基础上，计入塑性残余应变及连续循环加卸载方式，提出关于 CSG 材料的动本构模型——弹塑性细观滞回模型。

5.1　基于 P‑M 空间理论的细观滞回模型

5.1.1　P‑M 细观模型理论

　　Preisach‑Mayergoyz 模型最早由德国物理学家 Preisach 提出，最初主要应用于控制理论和工程科学中，是一种描述滞后现象的数学模型，1985 年，美国学者 Mayergoyz 将非线性理论引入，从而建立了非线性滞后数学模型[93 94]。最早将 P‑M 模型应用于材料力学性质方面的研究是从砂岩开始的，将砂岩看作一种 NME 材料，为了描述其滞后非线性特征，McCall K. R. 和 Guyer R. A. 构筑了一个 P‑M 模型，认为砂岩系统内由一定数量的、分布规律相同的、具有滞后性的小单元组成，在外力作用下，系统的变化由所有小单元自身的变化决定，并使系统产生非线性滞后效应[86]。结合这一特点，随着人们对 P‑M 模型理论认识和研究的深入，在岩石和混凝土等材料的细观研究领域，P‑M 模型得到了广泛的应用[95-100]。

　　经典的 P‑M 空间理论认为[101-104]，NME 材料由一定数量的滞后细观单元 HMEU（hysteretic mesoscopic elastic unit）组成，且每一个细观单元只有张开、闭合两种状态，以此来模拟材料内部微裂纹的张开和闭合。假定单个滞后细观单元张开状态时尺寸为 l_0，闭合状态时为 l_c，对应的加载应力分别为张开应力 σ_0、闭合应力 σ_c。以加载路径方向说明滞后细观单元的张开闭合变化状态：应力为零时，滞后细观单元处于张开状态，随着应力增大，当应力达到闭合应力 σ_c 时，滞后细观单元状态由张开突变为闭合，应力继续增大，滞后细观单元维持闭合状态；当应力减小但大于张开应力 σ_0 时，滞后细观单元仍处于闭合状态，随着应力继续减小至张开应力 σ_0，滞后细观单元突变为张开状态，应力继续减小，滞后细观单元维持张开状态。滞后细观单元的状态转化过程如图 5‑1[95] 所示。

　　NME 材料单向受压时，在加载过程中，材料内部的部分 HMEU 的状态由张开变化为闭合，几何尺寸由 l_0 减小至 l_c，且随着应力增加，HMEU 闭合数量越来越多，同时 NME 材料的应变也越来越大。反之，卸载时，材料内部的部分 HMEU 其状态由闭合

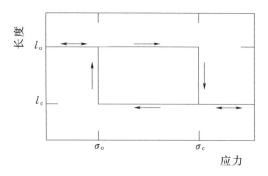

图 5 - 1　滞后细观单元

变化为张开，几何尺寸由 l_c 增大至 l_o，且随着应力减小，HMEU 张开数量越来越多，同时 NME 材料的应变也越来越小。由此可以看出，NME 材料在加、卸载过程中，其为张开单元和闭合单元的混合体，而材料的应变大小取决于受载过程中闭合单元数量占总单元数量的比例及变形时张开单元与闭合单元几何尺寸差（$l_c - l_o$）。为了方便问题的进一步研究，McCall 和 Guyer 提出[92]，假定 NME 材料中的所有滞后细观单元的张开长度和闭合长度相同，滞后细观单元之间为串联关系，即发生宏观变形后，材料的几何长度等于所有细观单元几何长度之和。滞后细观单元的变形与宏观材料的变形关系可表示为式（5-1）～式（5-4）。

$$L_E = l_o N_T + (l_c - l_o) N_E \qquad (5-1)$$

$$L_0 = l_o N_T \qquad (5-2)$$

式中　L_E——材料受载过程中试件的几何长度；

　　　L_0——材料未加载状态下试件的几何长度；

　　　N_T——材料试件中总的 HMEU 数量；

　　　N_E——材料试件受载过程中闭合的 HMEU 数量。

推导试件应变的表达式为

$$\varepsilon(E) = (L_E - L_0)/L_0 \qquad (5-3)$$

将式（5-1）、式（5-2）代入式（5-3），并设 $\alpha = (l_c - l_o)/l_o$ 及 $n(E) = N_E/N_T$，应变表达式可表示为

$$\varepsilon(E) = (L_E - L_0)/L_0 = -\alpha \cdot n(E) \qquad (5-4)$$

式（5-4）可以得到一个具有滞回环和离散记忆特性的应力-应

变曲线方程，试件的宏观应变 ε、闭合单元与总单元数量的比值 n 均为闭合单元数量 E 的函数。

5.1.2　细观滞回模型的建立

由式（5－4）可知，试样的应变与 n 呈线性关系，n 是 NME 材料中闭合的滞后细观单元数量的函数（设定试件总的单元数量为一常数），而闭合的滞后细观单元的数量与加载路径相关，即与加、卸载过程中的应力大小是相关的。所以，当给定一个 P－M 空间密度分布函数、加载路径及确定的 α 值，就可以得到一组应力-应变曲线。

1．P－M 空间密度分布模型

通过以上分析可知，NME 材料由大量的 HMEU 构成，每一个 HMEU 均对应一组张开应力和闭合应力，每一个 HMEU 的张开和闭合应力是不同的，以张开应力 σ_o 和闭合应力 σ_c 为两个特征值表征一个 HMEU，从而可以构建一个 P－M 空间分布模型。经典细观单元的 P－M 空间分布函数为

$$\begin{cases} \sigma_c = A\gamma_c^{\xi} \\ \sigma_o = \sigma_c\gamma_o^{\eta} \end{cases} \tag{5-5}$$

式中　A——实验参数，其物理意义为某种 NME 材料的极限抗压强度；

γ_c、γ_o——[0，1] 之间的随机数；

ζ、η——形态参数，其取值决定了应力－应变曲线（滞回曲线）的形状。

2．加载路径的确定

加载路径分为加载、卸载两个方向，在模拟荷载增加（或减小）过程中，涉及荷载步长大小设置的问题，设置荷载步长大小的影响问题，将在下文进行定量研究。

3．α 值的确定

根据 α 的定义 $[\alpha = (l_c - l_o)/l_o]$，在设定 NME 材料中的 HMEU 的张开、闭合几何尺寸相同的条件下，α 为一定值。结合式（5-4），当试件受载达到极限抗压强度时，可认为试件内的所有 HMEU 均为闭合状态，即 n 值为 1，此时的试件应变即为 α 值。此

参数可通过实验确定。

5.1.3　参数拟定及敏感性分析

根据经典 P－M 模型，以定量的方式研究细观单元数量、加卸载步长及形态参数对模型的影响，寻找模型的变化规律，为下一步分析奠定基础。

1. 材料试件中 HMEU 总数量 N_T 的影响

结合本文研究的 CSG 材料特性及实验结果，初步拟定 $A=2.0\text{MPa}$，$\zeta=\eta=0.35$，$\alpha=0.01$，荷载步长 $\Delta P=0.05\text{MPa}$。N_T 分别取 500、1000、1500、2000、2500、3000。对应六组 N_T 取值的 P－M 空间分布图如图 5－2 所示。

由图 5－2 可知，在 P－M 空间细观单元分布规律及荷载步一定的前提下，设定材料试件中 HMEU 数量不同，其宏观应力-应变关系曲线的变化规律相同，但随着 N_T 数量的增加，曲线逐渐趋于平滑。当 N_T 由 2000 增加至 2500 时，曲线的平滑度已没有明显变化。

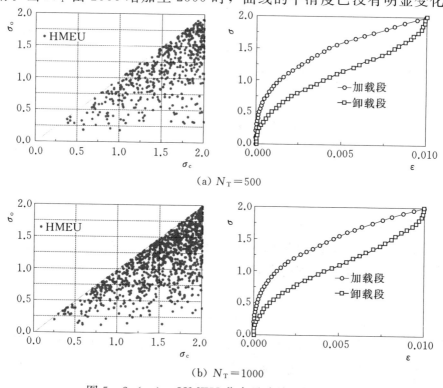

(a) $N_T=500$

(b) $N_T=1000$

图 5－2（一）　HMEU 分布及应力-应变曲线

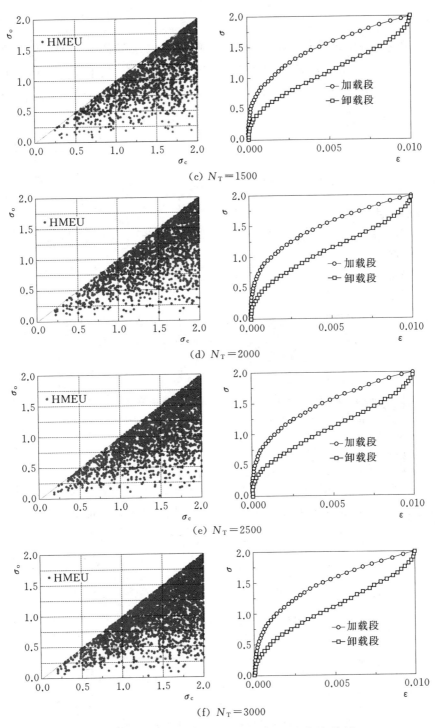

(c) $N_T = 1500$

(d) $N_T = 2000$

(e) $N_T = 2500$

(f) $N_T = 3000$

图 5-2（二） HMEU 分布及应力-应变曲线

2. 加、卸载步长大小的影响

设定试件 HMEU 数量为 2500，$A = 2.0\text{MPa}$，$\zeta = \eta = 0.35$，$\alpha = 0.01$，荷载步长分别设定为 $\Delta P = 0.05\text{MPa}$、$0.06\text{MPa}$、$0.08\text{MPa}$、$0.1\text{MPa}$、$0.15\text{MPa}$、$0.2\text{MPa}$，其对应的应力-应变曲线如图 5-3 所示。

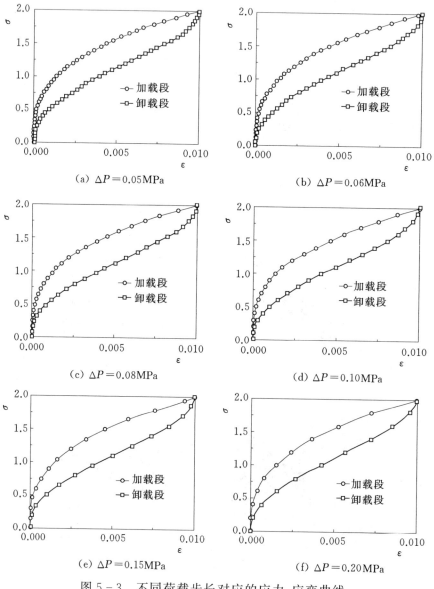

图 5-3 不同荷载步长对应的应力-应变曲线

由图 5－3 可知，荷载步长为 0.05MPa、0.06MPa、0.08MPa 时，应力-应变曲线平滑性较好，当荷载步长大于 0.08MPa 时，曲线平滑度明显下降（图中可从曲线与应力应变点的重合度看出）。荷载步长取值大小的改变对应力-应变关系曲线形态无影响，主要影响曲线的模拟精度。

3. ζ、η 形态参数分析

分析 ζ、η 这两个参数对应力-应变曲线影响时，分别对 ζ、η 取 5 组数值，并两两组合，得到 25 组数据组合方案，具体组合如表 5－1 所示。

表 5－1　　　　　　　　参数 ζ、η 组合表

ζ	η	ζ	η	ζ	η	ζ	η	ζ	η
	0.1		0.1		0.1		0.1		0.1
	0.5		0.5		0.5		0.5		0.5
0.1	1.0	0.5	1.0	1.0	1.0	1.5	1.0	2.0	1.0
	1.5		1.5		1.5		1.5		1.5
	2.0		2.0		2.0		2.0		2.0

不同 ζ、η 组合方案下对应的应力－应变曲线如图 5－4～图 5－8 所示。结合式（5－4）可知，ζ、η 两个参数的变化是应力-应变曲线变化趋势及形状的控制因素，究其本质，ζ、η 是试件中 HMEU 分布规律的具体反应。在 ζ 取定值时，η 的大小仅对张开应力 σ_o 产生影响；η 取值定值时，ζ 值改变对张开应力 σ_o 和闭合应力

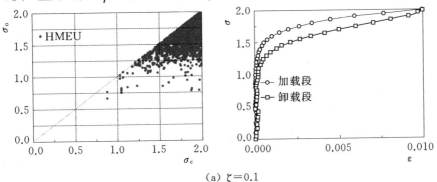

(a) $\zeta=0.1$

图 5－4（一）　HMEU 分布及应力-应变曲线（$\eta=0.1$）

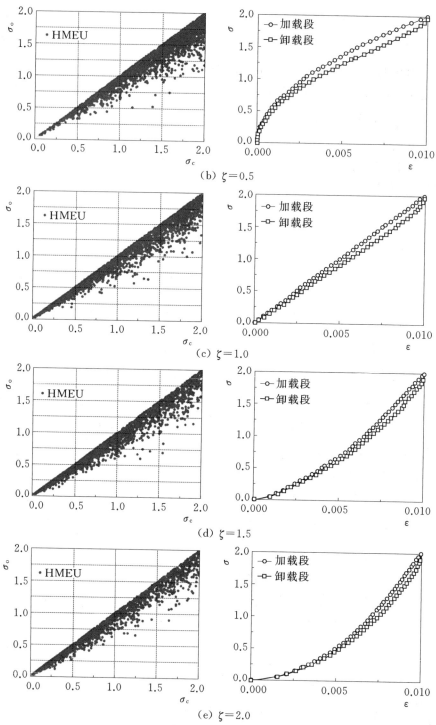

图 5-4（二） HMEU 分布及应力-应变曲线（$\eta=0.1$）

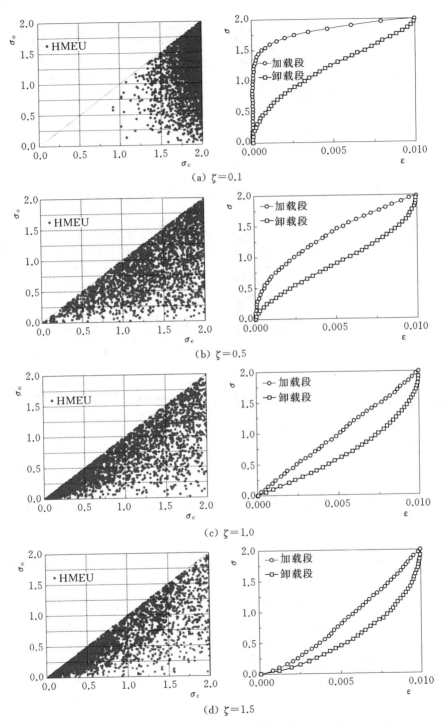

(a) ζ＝0.1

(b) ζ＝0.5

(c) ζ＝1.0

(d) ζ＝1.5

图 5-5（一）　HMEU 分布及应力-应变曲线（η＝0.5）

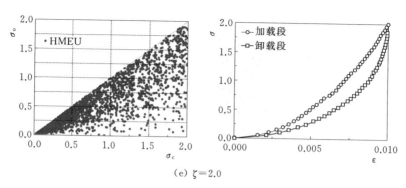

(e) $\zeta=2.0$

图 5-5（二） HMEU 分布及应力-应变曲线（$\eta=0.5$）

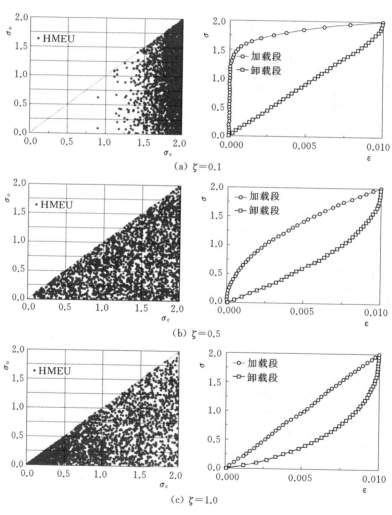

（a） $\zeta=0.1$

（b） $\zeta=0.5$

（c） $\zeta=1.0$

图 5-6（一） HMEU 分布及应力-应变曲线（$\eta=1.0$）

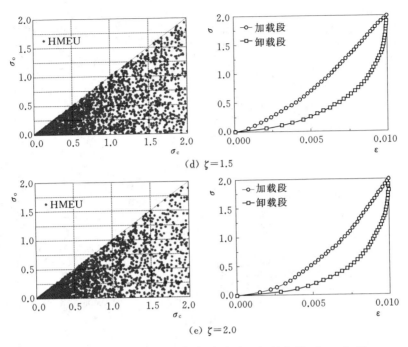

(d) ζ＝1.5

(e) ζ＝2.0

图 5-6（二）　HMEU 分布及应力-应变曲线（η＝1.0）

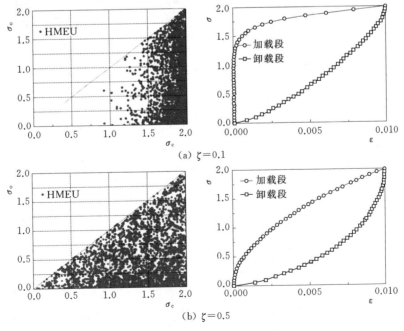

(a) ζ＝0.1

(b) ζ＝0.5

图 5-7（一）　HMEU 分布及应力-应变曲线（η＝1.5）

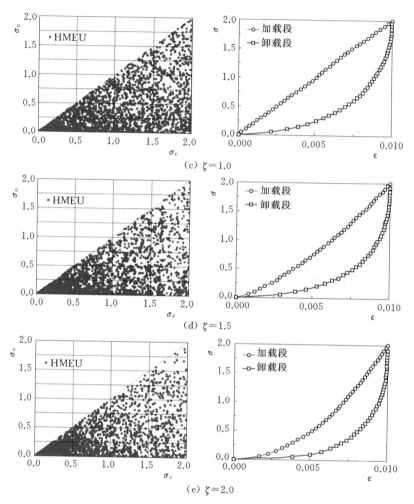

(c) $\zeta=1.0$

(d) $\zeta=1.5$

(e) $\zeta=2.0$

图 5-7（二） HMEU 分布及应力-应变曲线（$\eta=1.5$）

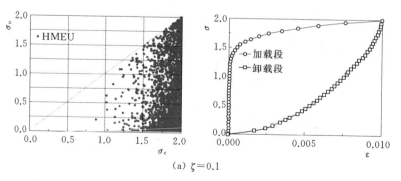

(a) $\zeta=0.1$

图 5-8（一） HMEU 分布及应力-应变曲线（$\eta=2.0$）

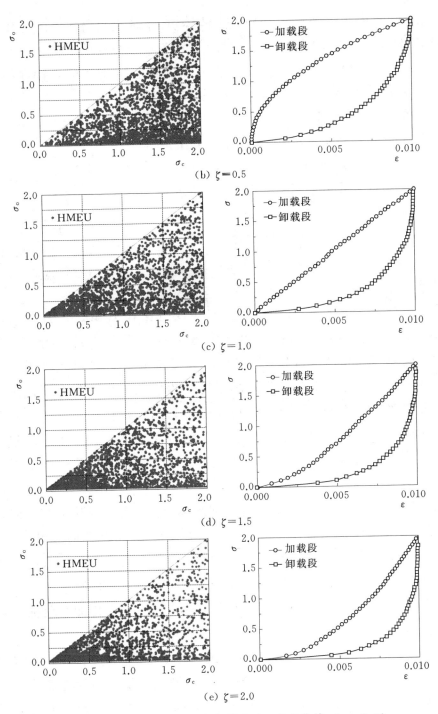

(b) ζ＝0.5

(c) ζ＝1.0

(d) ζ＝1.5

(e) ζ＝2.0

图 5－8（二） HMEU 分布及应力-应变曲线（η＝2.0）

σ_c 的大小均有影响。下面通过具体分析研究 ζ 和 η 的变化对 HMEU 分布规律的影响。

试样中 HMEU 单元以张开应力和闭合应力作为单元特性给出一个单元分布函数，由图 5-4～图 5-8 得知，在 P-M 空间中，所有 HMEU 均分布在第一象限，且张开应力和闭合应力组成等腰三角形。为方便描述单元分布规律，先给出单元分布区域示意图，如图 5-9 所示。

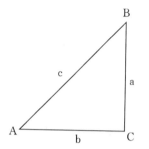

图 5-9　P-M 空间分布位置示意图

对比图 5-4～图 5-8 可以发现：

（1）当 $\eta=0.1$ 时，随着 ζ 从 0.1 增大至 2.0，细观单元分布数量不变，但分布规律由 B 点沿 c 边（对角线）逐渐向 A 点方向扩散；当 $\zeta=0.1$ 时，细观单元分布主要分布在 B 角处，当 $\zeta=2.0$ 时，所有细观单元均布在对角线附近，而靠近 C 点处无分布；同时，应力-应变曲线（滞回曲线）面积逐渐减小，同时也说明，而细观单元大部分集中在对角线附近时，表明细观单元的张开应力和闭合应力差值较小，从能量的角度来看，加载过程中外力所做总功和卸载过程中的弹性能差别较小，即随着 ζ 的增大，整个循环过程中耗散能逐渐减小，材料阻尼较小，说明对应材料更接近于弹性材料。

（2）当 $\eta=0.5$、$\zeta=0.1$ 时，细观单元主要靠近 a 边分布，随着 ζ 值增大，细观单元沿着向 c 边（对角线）向 A 点方向逐渐扩散，越靠近对角线，分布越稠密，C 点处有少量分布。当 $\zeta=2.0$ 时，大部分细观单元分布集中在 A 点附近；同时，随着 ζ 值增大，应力-应变曲线（滞回曲线）面积也呈逐渐减小趋势，且加载段曲线由向上凸变为向下凸，$\zeta=1.0$ 为对应的临界值。

（3）当 $\eta=1.0$、$\zeta=0.1$ 时，细观单元靠近 a 边分布，且从 B 点至 C 点上下分布相对均匀；随着 ζ 值增大，细观单元在整个三角形内均匀向 A 点方向扩散；当 $\zeta=2.0$ 时，大部分细观单元分布在 A 点附近。随着 ζ 值增大，应力-应变曲线（滞回曲线）面积呈逐渐减小趋势，且加载段曲线由向上凸变为向下凸，$\zeta=1.0$ 为对应的临界值。

（4）当 $\eta=1.5$、$\zeta=0.1$ 时，细观单元仍靠近 a 边分布，但 C 点的集中程度大于 B 点；随着 ζ 值增大，细观单元在三角形内向 A 点方向扩散，且靠近 b 边的集中程度较大；当 $\zeta=2.0$ 时，细观单元分布在 A 点附近的集中程度较高。随着 ζ 值增大，应力-应变曲线（滞回曲线）面积呈逐渐减小趋势，且加载段曲线由向上凸变为向下凸，$\zeta=1.0$ 为对应的临界值。

（5）当 $\eta=2.0$、$\zeta=0.1$ 时，细观单元仍靠近 a 边分布，C 点的集中程度进一步增大；随着 ζ 值增大，细观单元在三角形内向 A 点方向扩散；当 $\zeta=2.0$ 时，细观单元分布在 A 点附近的集中程度较高。随着 ζ 值增大，应力-应变曲线（滞回曲线）面积呈逐渐减小趋势，且加载段曲线由向上凸变为向下凸，$\zeta=1.0$ 为对应的临界值。

关于 ζ、η 两个参数对 HMEU 分布的影响，可得到以下结论：①ζ 参数主要控制细观单元闭合应力、张开应力的差值，表现在 P-M 空间分布图中，主要控制细观单元沿三角形对角线分布的集中程度，ζ 越小，细观单元在对角边的集中程度越大；在应力-应变曲线上，ζ 主要控制加载阶段曲线的形状和滞回环面积大小，随着 ζ 值增大，加载段曲线由向上凸变为向下凸，$\zeta=1.0$ 为加载段曲线突变方向的临界值，ζ 虽不改变卸载段曲线的凸向，但影响其下凸程度，ζ 值越小，向下凸出程度越大。不同 ζ 值对应的应力-应变曲线如图 5-10（a）所示。②η 参数主要控制细观单元闭合应力、张开应力的大小，表现在 P-M 空间分布图中，主要控制细观单元沿 a 边竖直向分布的集中程度；在应力-应变曲线上，η 主要控制卸载阶段曲线的形状，其值越大，卸载阶段曲线向下凸出越明显。不同 η 值对应的应力-应变曲线如图 5-10（b）所示。

5.2 胶凝砂砾石材料的细观滞回模型

根据以上分析，P-M 模型可以很好地反映实际材料在加卸载

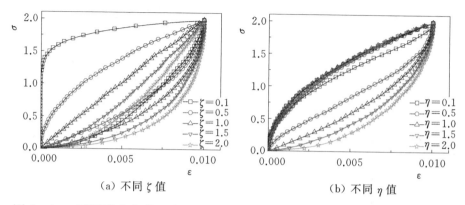

(a) 不同 ζ 值　　　　　　　　　(b) 不同 η 值

图 5 - 10　不同形态参数对应的 NME 材料应力-应变曲线（参见文后彩图）

过程中的滞回环特性。但对于 CSG 材料而言，在循环加卸载过程中不但表现出非线性，其塑性也相对比较明显，从而滞回环表现为下部不闭合的新月形。本文结合实验数据，在经典 P - M 非线性弹性模型基础上，计入材料的塑性特性，并将加载方式由单次循环改为多次循环加卸载，推导出循环加载作用下材料的弹塑性细观滞回模型，可应用于等幅循环荷载下的疲劳寿命研究。

5.2.1　胶凝砂砾石细观滞回模型的理论基础

结合 CSG 材料的动力学特性，在经典 P - M 非线性弹性模型的基础上，引入以下几个基本假定，并在此基础上建立 CSG 材料的细观滞回理论模型：

（1）所有细观单元初始状态下的张开长度和闭合长度均相等。

（2）所有细观单元闭合长度不变，与加载路径、循环次数无关。

（3）在试件循环破坏之前，宏观应变由弹性应变和塑性应变两部分组成；整个循环过程中，材料最大应变与累积残余塑性应变的比值一定。

（4）假定单次循环内的塑性残余应变相同。

结合 CSG 材料应力-应变的滞回特性，在试件加载过程中，随着应力的增大，细观单元由张开状态变为闭合状态，宏观表现为应变增大，在此过程中试件的应力-应变关系表现为非线性弹性；在卸载过程中，随着应力减小，细观单元由张开状态变为闭合状态，宏观表现为应变减小。由 CSG 材料在动荷载作用下的试验结果可知，在加载过程中，应力-应变关系曲线主要表现为非线性弹性，而在卸载过程中应力-应变关系曲线表现为弹塑性，即细观单元在经历张开—闭合历程后，外荷载减小时再由闭合—张开时，细观单元的张开长度不等于初始状态时的细观单元长度。在整个循环过程中，引入循环次数，并定义下脚标 i 为循环次数；j 定义为加、卸载状态，$j=1$ 表示加载，$j=2$ 表示卸载。模型改进后的细观单元加、卸载过程如图 5-11 所示。

从图 5-11 可知，改进后模型有以下两个特点：①循环加卸载过程中，细观单元的张开应力和闭合应力保持不变；②循环加卸载过程中，细观单元的张开长度不变，闭合长度随着循环次数增加而减小。

根据图 5-11 中的循环加卸载过程，可推求细观单元应变在每个循环过程中的表达式示为

第一次循环：
$$\left.\begin{array}{l} \ddot{\varepsilon}_{11}=(l_o-l_c)/l_o \\ \ddot{\varepsilon}_{12}=(l_1-l_c)/l_1 \end{array}\right\} \qquad (5-6a)$$

第二次循环：
$$\left.\begin{array}{l} \ddot{\varepsilon}_{21}=(l_1-l_c)/l_1 \\ \ddot{\varepsilon}_{22}=(l_2-l_c)/l_2 \end{array}\right\} \qquad (5-6b)$$

第 n 次循环：
$$\left.\begin{array}{l} \ddot{\varepsilon}_{n1}=(l_{n-1}-l_c)/l_{n-1} \\ \ddot{\varepsilon}_{n2}=(l_n-l_c)/l_n \end{array}\right\} \qquad (5-6c)$$

将以上 n 次循环表达式可统一表达为式（5-7）。

$$\ddot{\varepsilon}_{n1}=(l_M-l_c)/l_M \begin{cases} j=1,M=n-1 \\ j=2,M=n \end{cases} \qquad (5-7)$$

式中 $\ddot{\varepsilon}_{ij}$——第 i 次循环过程中受载状态为 j 的细观单元应变；

   l_o——循环加载开始前细观单元初始张开状态长度；

   l_n——第 n 次循环加载中细观单元闭合长度。

试件宏观应力应变-关系表达式为

加载阶段，$j=1$ $\ddot{\varepsilon}_{n1}(n,E)=[L_{n1}(n,E)-L_{n1}(n,0)]/L_{n1}(n,0)$

$$\qquad (5-8a)$$

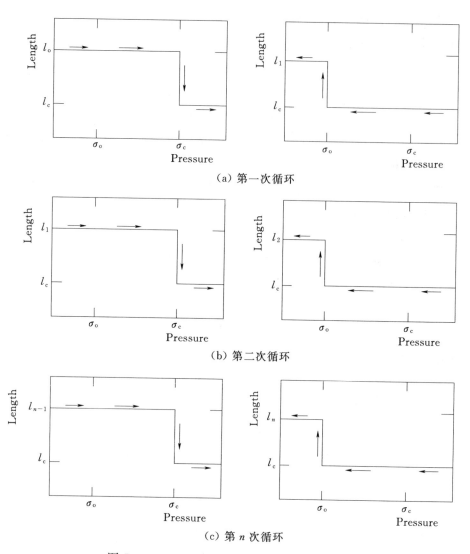

（a）第一次循环

（b）第二次循环

（c）第 n 次循环

图 5 - 11　CSG 材料细观单元循环示意图

卸载阶段，$j=2$　$\ddot{\varepsilon}_{n2}(n,E)=[L_{n2}(n,E)-L_{n2}(n,0)]/L_{n2}(n,0)$

$$(5-8b)$$

其中，$L_{n1}(n,E)=l_{n-1}\overline{N}_T+l_o(N_T-\overline{N}_E)+(l_c-l_{n-1})N_E$

$L_{n1}(n,0)=l_{n-1}\overline{N}_T+l_o(N_T-\overline{N}_E)L_{n2}(n,E)$

$\qquad =l_c\overline{N}_E+l_o(N_T-\overline{N}_E)+(l_{n+1}-l_c)(\overline{N}_E-N_E)$；

$L_{n2}(n,0)=l_n\overline{N}_E+l_o(N_T-\overline{N}_E)$。

令 $\overline{A}=l_c/l_o$，$\beta=\varepsilon_s/(N_T N_Z)$，则有 $l_{n+1}=l_o(1-\beta)^{n-1}$，式（5-8a）和式（5-8b）可表示为

$$\left.\begin{array}{l}\varepsilon_{i1}(n,E)=\alpha_{i1}(n)N_E\\\varepsilon_{i2}(n,E)=\alpha_{i2}(n)N_E\end{array}\right\} \qquad (5-9)$$

其中

$$\alpha_{i1}(n)=\frac{\overline{A}-(1-\beta)^{n-1}}{N_T+N_E[(1-\beta)^{n-1}-1]}$$

$$\alpha_{i2}(n)=\frac{\overline{A}-(1-\beta)^n}{N_T+N_E[(1-\beta)^n-1]}$$

式中　l_c——细观单元闭合状态几何尺寸；

　　　l_o——细观单元准静态张开几何尺寸；

　　　l_n——第 n 次循环后细观单元张开几何尺寸；

　　　ε_s——动载循环试件的塑性应变残余总量；

　　　N_T——试件总的细观单元数量；

　　　N_Z——材料疲劳寿命（次数）；

　　　$\overline{N_E}$——等幅循环加载时试件内参与张开闭合细观单元的总数量；

　　　α_{ij}——第 i 次循环受载状态为 j 时的应变量；

　　　i——循环加载次数；

　　　j——单词循环受载状态，1 表示加载，2 表示卸载；

　　　β——塑变单位系数，表示单个细观单元一次循环中的塑性残余变量。

式（5-9）即为计入残余塑性应变的滞回环应变表达式。

5.2.2　胶凝砂砾石材料的细观滞回模型

由式（5-9）可知，要得到合理的 CSG 材料滞回环曲线，必须选定合理的模型参数，如 HMEU 数量、A、ε_s、β、ζ、η 和 α 值。根据以上分析，HMEU 数量影响应力应变曲线的平滑度，但 HMEU 数量达到某一值后，对应力-应变曲线的平滑度影响较小，再增大数量只会增加数据运算量，不会对应力-应变曲线产生影响，故本文 HMEU 数量取 2500。A 与试验设计方案有关；ε_s、β 可根据不同试验方案结果确定；α 可通过计算确定；结合试验应力应变

曲线，ζ 和 η 可以确定，且不同配合比方案时取值也不同。限于篇幅，本文仅对每一种配合比下选取一个上限循环应力进行对比分析，各参数取值如表 5-2 所示。

表 5-2　　　　　　胶凝砂砾石材料细观滞回模型参数

配合比方案	上限循环应力 A	N_T	ζ	η	ε_s	β
S1	2.05	2500	1.7	0.25		
S2	2.8	2500	1.5	0.23	0.4	2.5×10^{-6}
S3	3.6	2500	1.48	0.12		

不同配合比 CSG 材料对应的细观单元空间分布规律如图 5-12 所示。根据理论分析结果，不同配合比方案下，ζ 和 η 值随着水泥含量的增大也逐渐增大。从空间布规律看，细观单元分布主要集中在对角线以下，当水泥含量较小时（S1 方案），细观单元分布集中程度较小，部分细观单元远离对角线向三角形内部发展；对于 S2 方案，细观单元远离对角线分布的数量有所减小，在对角线处的集中程度有所增大；对于 S3 方案，细观单元在对角线处的集中程度最大，而远离对角线处的分布较少。同时，沿着对角线从 A 到 B（图 5-9），水泥含量不同，集中程度也不同，当水泥含量较小时（S1 方案），A 点的集中分布程度明显大于 B 点，随着水泥含量增大，A 的集中分布程度减小，而 B 点集中分布程度明显增大。从整体分布规律看，随着水泥含量的增加，细观单元分布沿对角线分布的集中程度逐渐增大。

ζ 和 η 值影响细观单元的空间分布规律，而细观单元的空间分布规律决定了细观单元的张开应力和闭合应力的大小，进而影响应力应变曲线形状。通过不同配合比方案下的细观单元空间分布规律分析可知，细观单元分布主要以沿对角线分布为主，说明细观单元的张开应力和闭合应力差值较小，且水泥含量越小，二者的差值越小，说明细观单元易于闭合；从材料的宏观角度来看，说明水泥含量越小，材料越易于出现开裂。

根据式（5-9）和表 5-2，并选取不同方案下循环荷载下不同

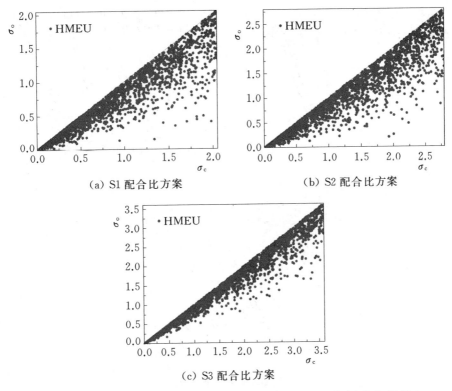

（a）S1 配合比方案　　　　　（b）S2 配合比方案

（c）S3 配合比方案

图 5-12　不同配合比方案的 CSG 材料 HMEU 空间分布规律

阶段的典型滞回环进行分析，试验数据与理论分析结果对比如图 5-13 所示。从图中可知，细观滞回模型很好地反映了 CSG 材料在循环荷载作用下的滞回特性，且滞回环呈新月形，由于滞回环下部不闭合，也反映了滞回环残余塑性变形的影响。也正是由于残余塑性变形的存在，循环次数的增大，理论计算结果下的滞回环逐渐向应变增大的方向发展，从而可反映出在整个循环疲劳寿命周期内的应力-应变关系。从图中的比较结果可知，理论计算结果与试验结果吻合较好，理论结果基本反映了 CSG 材料在循环荷载作用下的应力-应变分布规律。

从单个滞回环的模拟精度来看，虽然理论结果与试验结果存在一定的差别，但从反映 CSG 材料在循环荷载作用下的整体特性看，理论结果与试验结果差别并不大。由于受到材料内部初始空隙结构的影响，在不同的阶段，滞回环形状存在一定的差别，主要体现在

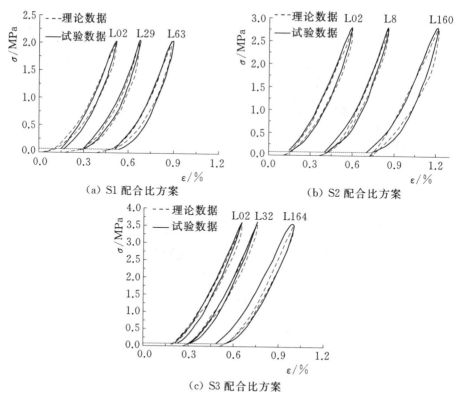

图 5 - 13 不同配合比方案 CSG 材料的理论与试验应力-应变曲线对比

滞回环顶部的荷载反转处；而理论分析结果无法反映这一点。对于同一种方案而言，由于理论分析中采用相同的细观模型参数，细观单元张开、闭合数目相同，故在整个循环过程中，滞回环形状基本保持不变；而在试验过程中，材料内部的裂缝开展数量是变化的，特别是破坏前的一个循环，滞回环面积突然增大；但通过对材料设定统一的破坏标准——最大应变值，可保证两种结果中破坏前一个滞回环的最大应变保持一致，残余塑性应变累积值一致，进而保证具有相同的疲劳循环次数。受到试验设备的限制，试验过程中卸载应力未完全恢复至零，而理论结果也弥补了试验在这方面的不足。

5.3 本章小结

本章基于经典 P - M 模型，研究了模型中各参数对材料应力-

应变曲线的影响，得出了相应的影响规律；结合 CSG 材料的非线性滞回特点，在经典 P－M 模型的基础上，引入塑性残余变形和循环次数的影响，建立了适用于 CSG 材料的非线性弹塑性细观滞回模型，并得出以下结论：

（1）在 P－M 空间模型中，细观单元分布规律影响应力-应变曲线的平滑度；荷载步长取值大小的改变对应力-应变曲线形态无影响，主要影响曲线的模拟精度；通过对形态参数 η 和 ζ 研究发现，ζ 参数主要控制细观单元闭合应力、张开应力的差值，而 η 参数主要控制闭合应力、张开应力的大小，两参数反映 P－M 空间分布的集中程度位置不同；在应力-应变曲线上，ζ 主要控制加载阶段曲线的形状，η 主要控制卸载阶段曲线的形状，进而共同影响滞回环面积大小。根据相应的应力-应变滞回环规律可确定不同材料对应的细观模型参数。

（2）基于经典的 P－M 空间理论模型，引入循环次数及残余塑性应变的影响，建立了适合于 CSG 材料的非线性弹塑性细观滞回模型，计算得到了不同配合比方案下 CSG 材料的应力-应变曲线及相应的细观参数，说明了本文建立的模型的合理性。

第6章

胶凝砂砾石材料的动损伤特性研究

经过多年研究，从材料的宏观表象到微观结构机理的揭示，国内外研究学者在材料的损伤理论研究取得了大量的研究成果，提出了诸多关于损伤的理论模型。对于 CSG 材料，由于研究较晚，特别是在其动力学特性研究方面尚处于起步阶段，在动荷载作用下的损伤特性及相应的损伤模型的建立还有待进一步研究，根据相似材料已有的研究成果，疲劳累积损伤模型的构建主要依赖于疲劳试验数据，通过构造适合于材料疲劳破坏全过程的累积损伤演化方程，以及确定合适的疲劳损伤变量。本章在总结当前疲劳损伤变量定义方法的基础上，根据前文不同配合比方案下的室内试验结果，讨论了损伤变量的计算方法，在此基础上，研究循环荷载下 CSG 材料的损伤演化规律，并建立适合于 CSG 材料的疲劳损伤累积演化模型。

6.1 疲劳累积损伤理论

要建立一个合理的疲劳累积损伤模型，必须要确定损伤变量的定义方法和疲劳累积损伤方程。在工程实际应用时，损伤往往通过循环次数与疲劳寿命来确定，但其物理意义不太明确，损伤演化方程与工程实际存在一定的偏差。理想的损伤方程形式上不应过于复杂，参数数目适当、便于获得及有明确的物理意义；而对于演化方程，则要求能够较好地反映试验数据，且具有一定的通用性。

6.1.1 累积损伤变量的计算方法

从损伤力学的角度，损伤变量是对材料受到外力作用后内部劣化过程的定量描述。根据研究的出发点不同，关于损伤变量的选择也有所不同，有基于微细观角度的裂纹密度度量法、CT 扫描法[105]等，也有基于宏观角度的弹性模量法[106]、最大应变法、声波波速法[107-108]、声发射法[109]和能量耗散法[110]。

1. 弹性模量法

该方法基于应变等效性假说[111]，将材料劣化前后的弹性模量比值来描述损伤变量，即

$$D = 1 - \frac{\widetilde{E}}{E} \qquad (6-1)$$

式中　E——无损材料弹性模量；

　　　$\widetilde{E}$——受损材料的弹性模量。

2. 最大应变法

研究表明，循环荷载作用下的混凝土、岩石类材料，其累积应变都呈现出三阶段分布规律，且存在确定的破坏极限应变值，基于此，损伤变量可定义为[112]

$$D = \frac{\varepsilon_{max}^{n} - \varepsilon_{max}^{0}}{\varepsilon_{max}^{f} - \varepsilon_{max}^{0}} \qquad (6-2)$$

式中　ε_{max}^{0}、ε_{max}^{n}、ε_{max}^{f}——初始应变、第 n 个滞回环的瞬时最大应变和极限应变。

3. 能量耗散法

试验表明，在疲劳荷载作用下，材料疲劳损伤的产生、累积乃至疲劳破坏都伴随着能量的吸收与累积，在疲劳损伤过程中，材料内部晶体间的相对运动所消耗的功与逐渐发展的微观滑移有一定的关联[113]。基于这种关联，就可以利用能量耗散的累积来描述材料的疲劳损伤演化，其损伤变量为

$$D = \frac{U^{e}}{U_{t}^{e}} \qquad (6-3)$$

式中　U_{t}^{e}——n 次循环后的总耗散能；

　　　U^{e}——第 n 次循环的耗散能。

4. 声波波速法

由于受到外部荷载的作用，材料内部应力的重分布，内部结构

会发生明显的变化，可通过超声波检测设备来探测材料内部的变化，根据超声波速的比值确定损伤量，以超声波速的变化规律研究损伤规律，具体公式为

$$D = 1 - \frac{v_n^2}{v_0^2} \qquad (6-4)$$

式中　v_n^2——n 次循环后测得的横向波速；

　　　v_0^2——初始状态下测得材料内部横向波速。

5. 声发射法

声发射是一种常见的物理现象，在外力的作用下，由于材料内部结构发生变化而引起材料内应力突然重新分布，使机械能转变为声能，并以波的形式传播。研究表明，声发射累计数与循环次数正相关，且在破坏时突增[114-115]。可将损伤变量定义为

$$D = \frac{N}{N_m} \qquad (6-5)$$

式中　N——循环 n 次后的累计声发射数；

　　　N_m——材料破坏时的累计声发射数。

6.1.2 累积损伤理论

累积损伤理论分为线性和非线性两大类。其中，线性累积损伤理论主要有 Miner 理论、Lundberg 理论、Shanleg 理论和 Grover 理论[116]。

Miner 线性疲劳累积损伤理论将损伤演化曲线用一条斜直线来近似，并认为材料破坏时从外界获得的功为 U，在一定应力水平 S_i 下破坏时对应的循环次数为 N_i，n_i 次循环后从外界获得的功为 U_i，则

$$\frac{U_i}{U} = \frac{n_i}{N_i} \qquad (6-6)$$

当材料发生破坏时，$\sum_{i=1}^{n} U_i = U_1 + U_2 + \cdots + U_n = U$，两边除以 U 得

$$\sum_{i=1}^{n} \frac{U_i}{U} = 1 \qquad (6-7)$$

将式（6-6）代入式（6-7）得，可得对应损伤模型为

$$\sum_{i=1}^{n}\frac{n_i}{N_i}=1 \qquad\qquad (6-8)$$

当上限循环应力一定时，损伤变量为

$$D=\frac{n}{N} \qquad\qquad (6-9)$$

式中 N——试件的疲劳寿命。

当上限循环应力为变量时，损伤变量为

$$D=\sum_{i=1}^{n}\frac{n_i}{N_i} \qquad\qquad (6-10)$$

式中 n_i——上限循环应力 S_i 的循环次数；

N_i——上限循环应力 S_i 下材料破坏时的疲劳寿命。

假定临界疲劳损伤 $D_{cr}=1$。

由于从线性的角度出发，忽略了应力的作用，从而造成计算结果与试验结果存在很大差异。在此基础上，研究者将非线性理论引入损伤模型，主要有 Corten - Dolan 理论、Freudenthal - Heller 理论、Henry 理论、Fuller 理论和和尚德广理论，其中 Corten - Dolan 理论最为典型。

Corten - Dolan 理论认为，在循环荷载作用下，材料单位体积内出现的损伤核数量与受到的上限循环应力水平相关[117]。n 次循环后，材料的损伤变量 D 定义为

$$D=mrn^a \qquad\qquad (6-11)$$

式中 m——材料内部损伤核数量；

r——裂纹扩展系数；

n——一定上限循环应力下对应的循环数；

a——常数。

在不同的上限循环应力下，试件的总损伤为一定值，与加载历程无关，则

$$D=m_1 r_1 n_1^{a_1}=m_2 r_2 n_2^{a_2}=\cdots=m_n r_n n_n^{a_n} \qquad (6-12)$$

当在两级应力水平同时加载下时（$S_1>S_2$），S_1 及 S_2 同时作用下构件直到破坏的总循环为 N_f，S_1 下的循环数占总循环数为 λ_1，则 S_2 的循环占总循环数则为（$1-\lambda_1$），则

$$\frac{N_f}{N_1} = \frac{1}{\lambda_1 + (r_1/r_2)^{\frac{1}{a}}(1-\lambda_1)} \tag{6-13}$$

其中，$(r_1/r_2)^{\frac{1}{a}}$ 与应力比有关，即

$$(r_1/r_2)^{\frac{1}{a}} = (S_1/S_2)^d \tag{6-14}$$

式中　d——材料常数，由试验确定。

将式（6-14）代入式（6-13），两级加载下的 Corten-Dolan 累积损伤模型可表述为

$$\frac{N_f}{N_1} = \frac{1}{\lambda_1 + (S_2/S_1)^d(1-\lambda_1)} \tag{6-15}$$

如果考虑多级应力水平，式（6-15）可推广为多级加载下的累积损伤模型，即

$$\frac{N_f}{N_1} = \frac{1}{\sum_{i=1}^{n}\lambda_i(S_i/S_1)^d} \tag{6-16}$$

整理后可得

$$\sum \frac{\lambda_i N_f}{N_1(S_i/S_1)^d} = 1 \tag{6-17}$$

式中　N_f——多个不同上限循环应力下试件破坏时对应的总循环数；

　　　S_1——最大上限循环应力；

　　　N_1——上限循环应力 S_1 下试件破坏时对应的循环数；

　　　λ_i——S_i 下的循环比值；

　　　d——材料常数。

大量混凝土、岩石材料试验证明，材料疲劳损伤演化曲线比较复杂，呈三阶段分布规律，即在循环荷载加载初期，试件的损伤率较大，达到一定的循环次数后，损伤率开始减小，在试件破坏前几个循环，又突然增大。故仅通过循环应力的大小来描述损伤变量还存在不足之处，而 Corten-Dolan 理论的本质就是以一条单调递增的曲线来描述材料的损伤演化过程[117]。

6.1.3　胶凝砂砾石疲劳累积损伤定义

CSG 材料的应力-应变滞回环曲线如第 3 章图 3-1～图 3-7 所

示，在整个循环加卸载试验过程中，滞回环在累积应变的初始和加速极短分布较疏，而等速阶段分布较密集。根据累积应变与循环次数关系（第3章图3-11~图3-13），文献[52]将其分为三个阶段：初始阶段、等速阶段和加速阶段。研究结果表明，三阶段规律普遍存在于混凝土以及金属材料中，同时也从微观的角度揭示了材料内部微裂纹的萌生、稳定扩展和不稳定扩展三个阶段。

目前，关于材料的损伤变量的计算方法较多，针对不同种类的材料，相应的计算结果又存在较大的差别。针对胶凝砂砾石材料特点，通过弹性模量法、能量法和最大应变法对比分析，确定合适的胶凝砂砾石材料损伤计算方法。

1. 弹性模量法

弹性模量法是根据损伤前后材料弹性模量的变化来定义损伤，计算方法如式（6-1）所示，结合第3章3.2.3节弹性模量的计算结果，采用弹性模量计算得到的损伤变量结果如图6-1和图6-2所示。由图可知，在整个循环过程中，损伤变量的三阶段分布特征明显，但计算得出的最终损伤变量远小于1，特别是在等幅循环荷载下，最终损伤值更小，试件最终破坏时对应

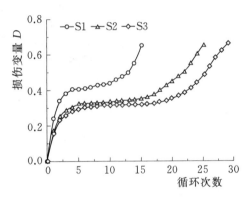

图6-1 变幅荷载下CSG材料的损伤变量-循环次数关系

损伤值不统一，加载方式对计算结果影响较大，同时也说明在加卸载过程中损伤体现不明显，该方法不适于CSG材料损伤破坏的判定。这主要与CSG材料的自身组成结构有很大的关系。从试验过程中试件的破坏特点来看，试件的破坏主要是由于内部胶结体的失效而导致的，而试件内部的粗骨料保持完整，因此，虽然试件破坏，但是由于粗骨料自身具有一定的刚度，试件破坏时还保留一定的残余刚度，同时弹性模量的计算结果也说明了这一点。

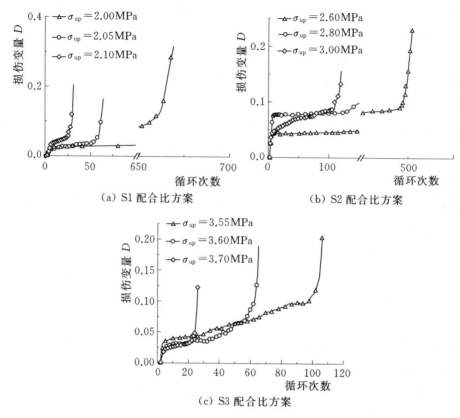

图 6-2　等幅荷载下不同配合比方案 CSG 材料的
损伤变量-循环次数关系

2. 能量法

由于材料结构原始缺陷和弹塑性的影响，在循环加载过程中，从能量的角度出发，一部分能量以声能、热能、辐射能及新塑性区产生所需要的能量等形式消耗掉，损耗的能量部分用于裂纹的萌生和扩展，导致材料疲劳损伤的产生、累积乃至疲劳破坏。能量耗散是反映材料内部缺陷的不断闭合、新生裂纹萌生和发展演化的本质属性，从而可通过能量法计算材料的损伤变化。

能量法是根据能量耗散的累积来描述材料的疲劳损伤演化，计算方法如式（6-3）所示，结合第 4 章 4.3.1 节耗散能的计算结果，计算得到的损伤变量结果如图 6-3 和图 6-4 所示。比较两图可知，该方法虽然便于确定临界损伤变量，但不同循环加载方式下的损伤演化规律存在较大区别，在变幅循环荷载下，损伤的演化规律呈非线性增长趋势，无明显的三阶段特征；在等幅循环荷载下，损伤随循环的演化规律性不明显，上限循环应力较小时，损伤演化三阶段特征仍不明显，随着上限循环应力的增大，表现出三阶段特征，但整体分布为线性三阶段分布，演化曲

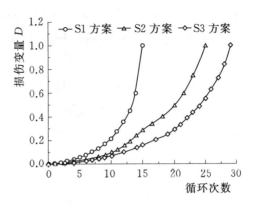

图 6-3　变幅荷载下不同配合比方案 CSG 材料的损伤变量-循环次数关系

线为三段平直的直线，未体现出材料的非线性特征，与材料实际状

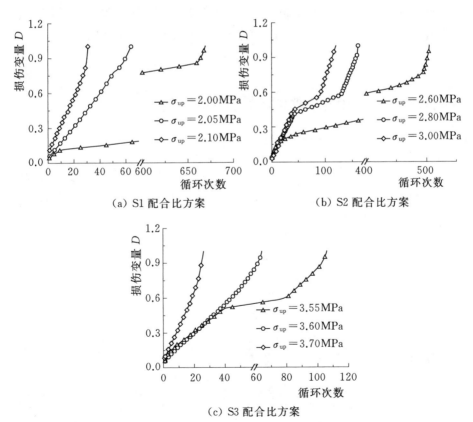

（a）S1 配合比方案

（b）S2 配合比方案

（c）S3 配合比方案

图 6-4　等幅荷载下不同配合比方案 CSG 材料的损伤变量-循环次数关系

态不符。故能量法受加载方式的影响较大，损伤演化规律不统一，在反映材料的整体损伤演化规律上较差。

3. 最大应变法

在宏观裂纹出现以前，材料本身的内部缺陷对材料的强度存在一定的影响。基于损伤力学理论，把材料的破坏看成一个损伤逐渐累积的过程，Lemaitre 提出了连续损伤力学的概念，将损伤本构方程描述为[118]

$$\sigma = E(1-D)\varepsilon \qquad (6-18)$$

式中　σ——在材料完好状态下，受到的应力；

　　　ε——对应的应变；

　　　E——相应的弹性模量；

　　　D——损伤变量，位于 [0, 1] 区间，表示材料的损伤程度。

根据岩石在低周疲劳循环荷载下的损伤特点，文献 [119] 认为，在不考虑单个循环中损伤的变化，可假设 σ 为一常量，则

$$1-D = \frac{\sigma}{\varepsilon E} \qquad (6-19)$$

式 (6-19) 中对 ε 求导，并整理得

$$dD = \frac{\sigma}{\varepsilon^2 E} d\varepsilon \qquad (6-20)$$

令 ε_0 为单个循环加载时对应的应变，ε_d 为该循环卸载完成后的应变，D 在 [0, 1] 区间、ε 在 [ε_0, ε_d] 区间，对式 (6-20) 积分得到

$$\int_0^D dD = \frac{\sigma}{E} \int_{\varepsilon_0}^{\varepsilon_d} \frac{1}{\varepsilon^2} d\varepsilon \qquad (6-21)$$

$$D = \frac{\sigma}{E} \left[\frac{1}{\varepsilon_0} - \frac{1}{\varepsilon_d} \right] + C_1 \qquad (6-22)$$

将 $D=0$ 时 $\varepsilon = \varepsilon_0$ 代入式 (6-22)，得 $C_1 = 0$；将 $D=1$ 时 $\varepsilon = \varepsilon_d$ 代入式 (6-21)，得

$$\frac{\sigma}{E} = \frac{1}{\dfrac{1}{\varepsilon_0} - \dfrac{1}{\varepsilon_d}} \qquad (6-23)$$

则式（6-23）变为

$$D = \frac{\varepsilon - \varepsilon_0}{\varepsilon_d - \varepsilon} \frac{\varepsilon_d}{\varepsilon} \qquad (6-24)$$

采用最大应变法不仅能反映损伤的三阶段特征，而且便于确定试件破坏时的临界损伤值。本文以此方法作为 CSG 材料损伤的计算方法。

6.2 胶凝砂砾石材料的损伤演化规律

根据试验结果，应用式（6-24）进行计算，可得到不同加载方式下 CSG 材料的损伤变量的发展规律。

6.2.1 损伤变量与循环次数的关系

1. 变幅循环加载

由图 6-5 可知，在变幅循环荷载下损伤变量与循环次数关系曲线可分为三个阶段，与累积应变的分布形式相似，即损伤发展的初始阶段、等速阶段及加速阶段，呈倒 S 形分布。在初始阶段，损伤变量变化速率最大，该阶段的损伤量占到了总损伤量 50% 左右；进入等速阶段以后，损伤变量变化率减小，接近于零，损伤基本呈等速增长，但由于经历循环次数较多，损伤量占到了总损伤量

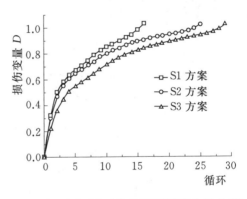

图 6-5　变幅循环荷载下不同配合比方案 CSG 材料的损伤变量-循环次数关系

40% 左右；进入加速阶段后，损伤变量变化率又增大，由于变幅疲劳应变加速阶段很短，导致此阶段的损伤量较小，占到了总损伤量 10% 左右。因此，结合整个损伤的发展规律，从材料微观结构来看，三个阶段对应于试件内原始缺陷的闭合、新裂纹的萌生与扩展和不稳定扩展三个发展阶段，试件的破坏是一个损伤逐渐累积的过程。

2. 等幅循环加载

由图 6-6 可知，在等幅循环荷载下损伤变量与循环次数曲线表现为明显的三阶段特征，依据损伤发展速率变化可分为初始、等速和加速损伤三个阶段，并与累积应变的分布规律相对应。第一个阶段的损伤变量随循环次数的增大而增大，该阶段的损伤量占到了总损伤量的 30%；第二个阶段的循环次数占总循环次数比例最大，损伤速率减小，损伤量占到总量的 50% 左右；进入第三个阶段后，损伤速率突增，随后试件出现破坏，损伤量占到 20% 左右。在相同水泥含量时，随着上限应力比的增大，单个循环的损伤量逐渐增大。

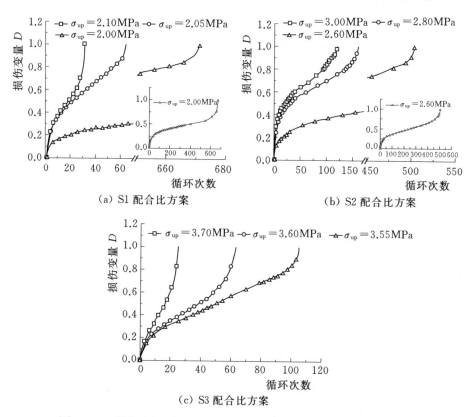

（a）S1 配合比方案 　（b）S2 配合比方案

（c）S3 配合比方案

图 6-6　等幅循环荷载下 CSG 材料损伤变量-循环次数关系

与混凝土和岩石相比，CSG 材料有其独特的内部结构，由于受到骨料形状不规则和低水泥含量的影响，CSG 材料具有较大的孔隙率和微裂纹。在加卸载的第一阶段，损伤变量迅速增加的主要原因是由于试件初始微裂纹的压密闭合，同时产生不可逆塑性变形；进入第二阶段后，原始微裂纹闭合基本完成，同时试件内新裂纹萌生稳定发展，损伤速率接近于定值，该阶段历时最长，也是试件的主要受力阶段；当达到一定循环次数时，试件内部骨料间的黏结体大量破坏，裂纹急剧增多并连接贯通，在试件外部表现出宏观裂缝，损伤变量突增，随后试件破坏。从整个试验过程来看，试件最终的破坏可以描述为短时间内失去胶结能力的骨料和胶结块散落的过程，同时，靠近上下加压板的试件呈锥形。

6.2.2 损伤变量与累积应变的关系

1. 变幅循环加载

由图 6-7 可知，在变幅循环荷载下损伤变量与应变的关系呈非线性递增关系。在循环初始阶段，受到材料固有空隙的影响，损伤变量呈接近直线型增长，在较小的应变幅下，损伤值达到了总损伤量的 50% 左右；进入等速阶段以后，由于内部空隙的压实，损伤主要以试件内部胶结体的破坏为主，累积应变增速加快，损伤变化率减小，二者呈非线性递增关系，损伤量占到了总损伤量

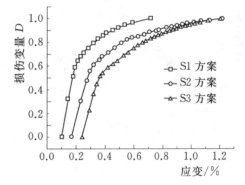

图 6-7 变幅循环荷载下不同配合比方案 CSG 材料损伤变量-应变关系

40% 左右；进入加速阶段后，曲线接近水平趋势，由于变幅疲劳应变加速阶段很短，导致此阶段的损伤量较小，占到了总损伤量 10% 左右。因此，从整个损伤的发展规律来看，材料本身的初始空隙率对整个损伤过程的贡献最大，变幅荷载作用下，初始阶段与等速阶段存在明显的分界点，但等速和加速阶段疲劳损伤区分不明显。

随着水泥含量的增大，损伤的出现时对应的应变逐渐增大，这也说明了水泥含量越多，胶结体抵抗外力破坏的能力越大，在初期的压缩过程中试件处于弹性状态，只有胶结体达到某一特定失效状

态时才导致损伤的出现。

2. 等幅循环加载

等幅循环荷载下损伤变量与应变关系如图 6-8 所示，二者呈非线性增长关系，但三阶段特征不明显。对于不同水泥含量的试件，从整体曲线斜率来看，上限循环应力越小，曲线整体斜率越小，即损伤随应变的增幅越小，主要是由于在较小上限循环应力下，单个循环荷载下对试件做功小，外力作用于试件的能量较小，而试件内部胶结体是抵抗外力的主要组成部分，在相同的应变下，外力功越小，则胶结体的破坏越小。随着水泥含量的增加，变化速率逐渐减小。

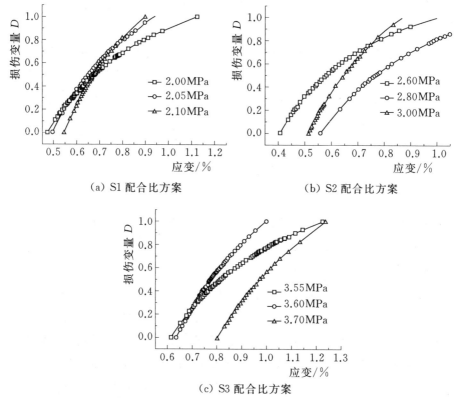

（a）S1 配合比方案　　　　　（b）S2 配合比方案

（c）S3 配合比方案

图 6-8　等幅循环荷载下 CSG 材料损伤变量-应变关系

6.2.3　上限应力比对损伤演化规律的影响

研究表明，加载应力水平影响材料的疲劳寿命；而材料疲劳寿命和损伤的发展演化规律存在密切关系，损伤发展越快，损伤总量累积越多，材料的疲劳寿命也越短。如果试验中不改变下限应力大小，通过采用上限应力衡量应力水平的大小，当材料的强度一定时，可用上限应力比来表示。上限应力比是指循环荷载最大应力与岩石强度的比值[120]。根据第 3 章得出的峰值强度，结合试验所取上限循环应力，得到不同配合比方案下 CSG 材料试件对应的上限应力比如表 6-1 所示。

表 6-1　不同配合比方案下 CSG 材料试件对应的上限应力比

方案	上限循环应力/MPa	峰值强度/MPa	上限应力比
S1	2	3.01	0.66
	2.05	3.01	0.68
	2.1	3.01	0.70
S2	2.6	3.65	0.71
	2.8	3.65	0.77
	3	3.65	0.82
S3	3.55	4.25	0.84
	3.6	4.25	0.85
	3.7	4.25	0.87

为了分析损伤曲线发展形态，这里取横坐标为相对循环 n/N（n 为一个加卸载过程的第 n 次循环，N 为试件破坏是对应的总循环次数），纵坐标为损伤变量，各配合比方案对应不同上限应力比的损伤演化曲线如图 6-9 所示。从图中可以看出，上限应力比不同，三阶段所占整个曲线的比例不同。上限应力越大，初始阶段损伤所占比例越大，加速阶段所占比例越小，说明等速阶段循环次数越长，加速循环次数越少，进而曲线收敛越快，表明材料破坏过程较短，材料更接近于脆性破坏。当上限应力较小时，等速阶段经历循环次数较多，则损伤发展速率相对较小，说明材料内部裂纹的扩展过程漫长，试件经历的循环次数相对较多。

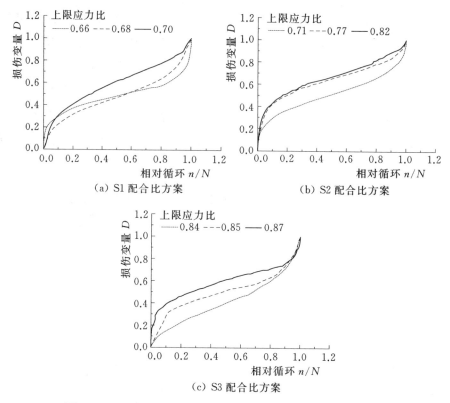

（a）S1 配合比方案　　　　　　（b）S2 配合比方案

（c）S3 配合比方案

图 6-9　上限应力比影响下的 CSG 材料损伤演化规律

6.3　累积损伤模型

6.3.1　与应变相关的累积损伤模型

1. 变幅循环加载

根据损伤变量与应变的关系，采用指数函数对其进行拟合，拟合结果如图 6-10 所示。从损伤变量的三阶段分布可知，在初始和等速阶段，损伤变量与累积应变之间具有很好的指数关系，而在加速阶段存在一定的误差。这主要是和变幅循环加载形式有很大关系，变幅加载下每一个循环的上限应力是逐级增加的，而加速阶段的材料已处于破坏状态，由于上限循环应力的陡增，可能导致损伤变量的倍增，但从整体上看，仍具有较好的指数关系。根据各参数拟合结果（表 6-2），随着水泥含量的增大，各参数具有较好的一致单调性，参数 a 逐渐减小，t 和 c 则逐渐增大。

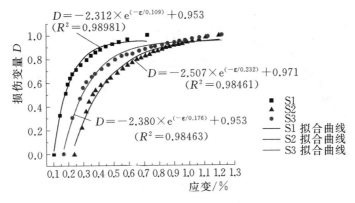

图 6-10　变幅循环荷载下不同配合比方案 CSG 材料的
损伤变量-应变关系（参见文后彩图）

表 6-2　　　　　　　　疲劳损伤变量与动应变关系拟合参数

加载方式	配合比方案	a	t	c	R^2
变幅加载	S1	-2.312	0.109	0.953	0.98981
	S2	-2.380	0.176	0.953	0.98461
	S3	-2.507	0.232	0.971	0.98463

2. 等幅循环加载

由图 6-11 可知，在等幅循环荷载下，损伤变量与动应变关系整体上表现出很好的指数函数关系。同一水泥含量，随着上限循环应力的增加，曲线整体变陡，说明损伤变化速率逐渐增大。前面的研究表明，累积应变、损伤与循环次数之间的关系均为三阶段关系，而损伤变量随累积应变的增大则呈指数增长，说明损伤的变化与累积应变之间存在更直接的非线性递增关系。

根据表 6-3 中参数拟合结果，同一水泥含量时，随着上限循环应力的增大，参数 a 逐渐减小，c 逐渐增大，t 值则规律性不强；随着水泥含量的增大，参数 a 减小，t 和 c 则逐渐增大。

3. 与应变相关的累积损伤模型

根据两种不同加载方式下损伤变量与累积应变关系拟合结果，损伤变量与累积应变关系具有很好的指数函数关系，可用方程式（6-25）描述。

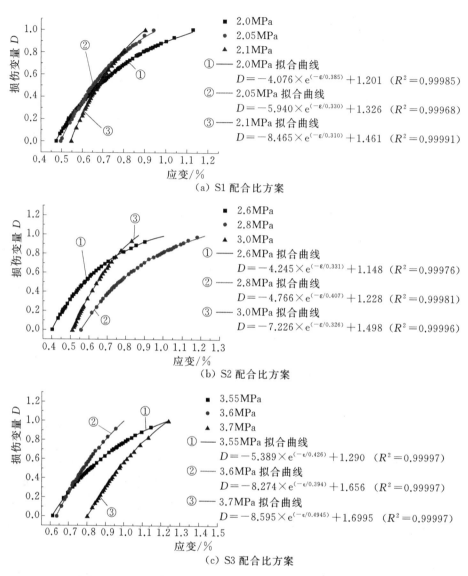

图 6-11　等幅循环荷载下不同配合比方案 CSG 材料的
损伤变量-应变关系（参见文后彩图）

$$D = a \cdot e^{\frac{-\varepsilon}{t}} + c \qquad (6-25)$$

式中　a、t、c——常数。

根据以上两种损伤模型和试验结果分析，受到 CSG 材料自身组成结构特点影响，试件成型后内部孔隙率及空隙分布规律无法确定，

表 6 - 3　　CSG 材料疲劳损伤变量与动应变关系拟合参数

加载 方式	配合比 方案	上限应力 /MPa	a	t	c	R^2
等幅 加载	S1	2.0	−4.076	0.385	1.201	0.99985
		2.05	−5.940	0.330	1.326	0.99968
		2.1	−8.465	0.310	1.461	0.99991
	S2	2.6	−4.245	0.308	1.148	0.99976
		2.8	−4.766	0.407	1.228	0.99981
		3.0	−7.226	0.326	1.498	0.99996
	S3	3.55	−5.389	0.426	1.290	0.99985
		3.6	−8.274	0.394	1.652	0.99997
		3.7	−8.595	0.494	1.699	0.99997

离散性较大，导致循环荷载加载初期（特别是第一个循环）的应变量存在较大的离散性，虽然与应变相关的损伤模型满足严格的指数函数关系，但是由于初始应变值的离散性较大，且初始应变值与初始损伤的直接关系尚无法直接确定，造成建立损伤与应变的损伤模型存在较大的难度，故本文仅给出与应变相关的损伤模型的数学方程，并未对其进行进一步研究。

6.3.2　与循环相关的损伤模型

根据损伤演化规律，损伤变量与循环次数关系曲线呈倒 S 形三阶段分布。研究表明，三阶段规律损伤演化规律普遍存在于混凝土和岩石材料中[120]。在众多的回归方程中，关于倒 S 形曲线的函数较少，不利于确定函数形式，而倒 S 形曲线方程与 S 形曲线方程互为逆函数，基于这一点，可以通过 S 形曲线的方程推求确定。如常用的 Logistic 曲线方程，具有参数少，回归方式简单的特点，在岩石类材料的疲劳累积损伤的演化规律研究中应用广泛[121-122]，并在此基础上建立了材料的塑性应变演化模型。常用的 Logistic 方程可表达为

$$y = \frac{\alpha}{1 + e^{\beta(\gamma - x)}} \qquad (6 - 26)$$

式中 x——自变量；

$\qquad y$——因变量；

α，β，γ——常数。

通过对上式求逆，得到相应的逆函数，具体过程如下

$$y = \frac{\alpha}{1 + e^{\beta(\gamma - x)}}$$

$$\Rightarrow 1 + e^{\beta(\gamma - x)} = \frac{\alpha}{y}$$

$$\Rightarrow \beta(\gamma - x) = \ln\left[\frac{\alpha}{y} - 1\right]$$

$$\Rightarrow x = \gamma - \frac{\ln\alpha}{\beta} - \frac{1}{\beta}\ln\left[\frac{1}{y} - \frac{1}{\alpha}\right]$$

在上式中，令 $\delta = \gamma - \dfrac{\ln\alpha}{\beta}$，$\theta = \dfrac{1}{\beta}$，$\varphi = \dfrac{1}{\alpha}$，可得 Logistic 方程的逆函数为

$$y = \delta - \theta\ln\left[\frac{1}{x} - \varphi\right] \qquad (6-27)$$

进而表达为循环次数与损伤的关系式为

$$D = \delta - \theta\ln\left[\frac{N}{n} - \varphi\right] \qquad (6-28)$$

式中 D——损伤变量；

$\qquad N$——试件破坏时对应的总循环次数；

$\qquad n$——一个加卸载过程中的第 n 次循环；

δ，θ，φ——常数，其中，δ 与 θ 和 φ 有关。

对式（6-27）求二阶导数，可确定曲线的两个拐点 y_1'' 和 y_2''，两个拐点将曲线分为三部分，即初始损伤阶段、等速损伤阶段和加速损伤阶段，如图 6-12 所示。

CSG 材料的倒 S 形损伤模型曲线形式由 δ、θ 和 φ 3 个参数控制，通过改变 3 个参数的取值可反映不同的曲线分布特征，从而可反映不同水泥含量及上限循环应力下的损伤演化规律。下面通过改变参数取值来说明单个参数对模型曲线的影响及其对应的含义。以

相对循环为横坐标，损伤变量为纵坐标。

φ 和 θ 取定值，δ 分别取 0.8、0.7、0.6、0.5 和 0.4 五组数值，对应损伤演化曲线如图 6-13 所示。从图中可以看出，随着 δ 的增大，曲线近似于向损伤变量增大的方向平移，即初始损伤值和最终损伤值都随着 δ 的增大而增大。从上述确定的三阶段划分来看，初始阶段损伤量占整个损伤发展过程损伤的比例也随着 δ 的增大而增大，且初始损伤阶段的增长速率随着 δ 值也逐渐增大；而等速和加速阶段的损伤量所占比例减小，但二者的比例几乎相同。由此可知，δ 主要影响初始损伤阶段的发展，故可将 δ 定义为初始损伤发展因子。

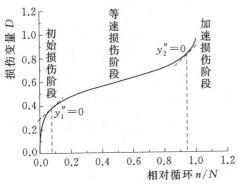

图 6-12　CSG 材料的损伤模型曲线　　图 6-13　δ 对 CSG 材料损伤模型曲线的影响（参见文后彩图）

将 φ 和 δ 取定值，θ 分别取 0.13、0.11、0.088、0.07 和 0.05 五组数值，损伤演化曲线如图 6-14 所示。由图可知，随着 θ 的增加，初始阶段和等速阶段的曲线斜率均发生改变。初始阶段的损伤发展速率随着 θ 的增加而减小，与改变 δ 值的影响正好相反；随着 θ 的增加，等

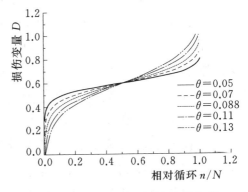

图 6-14　θ 对 CSG 材料损伤模型曲线的影响（参见文后彩图）

速阶段的发展速率明显增大，损伤累积曲线越陡；而对加速阶段影响则不明显。从整个曲线的发展来看，初始阶段的变化可认为是由于等速阶段的变化过大而导致的，故 θ 的变化对等速阶段的损伤发展起着控制细观作用。因此，可把 θ 作为等速阶段的损伤发展因子。

δ 和 θ 取定值，φ 分别取 1.4、1.2、0.982、0.8 和 0.6 五组数值，不同取值时曲线如图 6-15 所示。从图中可看出，随着 φ 值增大，初始阶段基本无变化；等速阶段曲线斜率增大，但不显著；加速阶段的发展速率则增大明显，且当 φ 值较小时，加速阶段并未表现出来。φ 为加速阶段的损伤发展因子，通过改变 φ 值大小确定加速阶段的历时长短，进而影响整个损伤曲线。

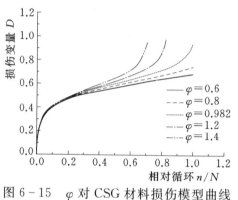

图 6-15　φ 对 CSG 材料损伤模型曲线的影响（参见文后彩图）

由于受到不同水泥含量和上限循环应力的影响，基于上述损伤模型，结合试验数据，通过非线性回归，可确定每种试验方案下对应的 δ、θ 和 φ 值及对应的损伤演化方程，如图 6-16 所示，各方程对应的 δ、θ 和 φ 值如表 6-4 所示。由表可知，随着水泥含量的增大，δ、θ 和 φ 值的变化规律存在一定的差异，离散性较大。随着上限应力的增大，对于 S1 方案，δ 和 θ 值先增大后减小，φ 值则先减小后增大；对于 S2 方案，δ 和 θ 值逐渐增大，而 φ 值逐渐减小；对于 S3 方案，δ 值逐渐减小，而 δ 和 θ 值则逐渐增大。但根据回归结果可得知，对应本文研究的 CSG 材料，可确定 3 个参数的取值范围为：δ 值取 $[0.4, 0.7]$，θ 值取 $[0.08, 0.13]$，φ 值取 $[0.8, 1.02]$。

变幅循环加载方式下，根据三阶段损伤模型得出不同水泥含量对应损伤回归曲线如图 6-17 所示。由图和以上分析可知，在变幅荷载下，损伤的初始阶段占整个损伤过程的比例较大，加速阶段较小。根据 3 个参数对曲线的影响分析可知，方程中 δ 值取较大值，

表6-4 损伤演化方程参数

配合比方案	上限应力/MPa	δ	θ	φ	R^2
S1	2.00	0.482	0.081	0.991	0.99985
	2.05	0.615	0.154	0.883	0.99968
	2.10	0.444	0.118	0.985	0.99991
S2	2.60	0.502	0.095	0.992	0.99976
	2.80	0.631	0.105	0.959	0.99981
	3.00	0.67	0.120	0.942	0.99996
S3	3.55	0.602	0.088	0.982	0.99985
	3.60	0.51	0.105	0.992	0.99997
	3.70	0.4	0.126	1.019	0.99997

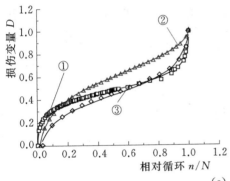

□ $\sigma_{up} = 2.00\text{MPa}$
△ $\sigma_{up} = 2.05\text{MPa}$
◇ $\sigma_{up} = 2.10\text{MPa}$
①——2.00MPa 拟合曲线
　$D = 0.482 - 0.081 \times \ln[1/(n/N) - 0.991]$
　$(R^2 = 0.99903)$
②——2.05MPa 拟合曲线
　$D = 0.615 - 0.154 \times \ln[1/(n/N) - 0.883]$
　$(R^2 = 0.99914)$
③——2.10MPa 拟合曲线
　$D = 0.444 - 0.118 \times \ln[1/(n/N) - 0.985]$
　$(R^2 = 0.99972)$

(a) S1 配合比方案

□ $\sigma_{up} = 2.60\text{MPa}$
△ $\sigma_{up} = 2.80\text{MPa}$
◇ $\sigma_{up} = 3.00\text{MPa}$
①——2.60MPa 拟合曲线
　$D = 0.502 - 0.095 \times \ln[1/(n/N) - 0.992]$
　$(R^2 = 0.99923)$
②——2.80MPa 拟合曲线
　$D = 0.631 - 0.105 \times \ln[1/(n/N) - 0.959]$
　$(R^2 = 0.99996)$
③——3.00MPa 拟合曲线
　$D = 0.670 - 0.12 \times \ln[1/(n/N) - 0.941]$
　$(R^2 = 0.99994)$

(b) S2 配合比方案

图 6-16 （一） 不同配合比方案 CSG 材料的损伤演化曲线

（等幅荷载）（参见文后彩图）

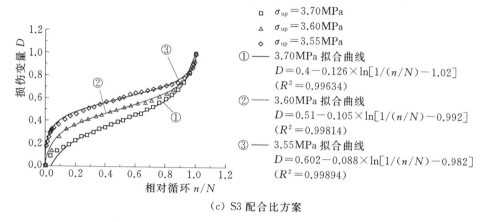

（c）S3 配合比方案

图 6-16（二） 不同配合比方案 CSG 材料的损伤演化曲线
（等幅荷载）（参见文后彩图）

而 φ 值取较小值；这也与实际回归结果相符。变幅荷载加载方式下
3 个参数的取值范围为：δ 值取 [0.8，1.0]，θ 值取 [0.18，0.21]，φ 值取 [0.1，0.6]。

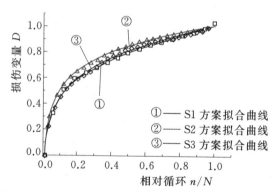

图 6-17 不同配合比方案 CSG 材料的损伤演化曲线
（变幅荷载）（参见文后彩图）

①—$D=0.863-0.187\times\ln[1/(n/N)-0.547]$ $(R^2=0.99732)$

②—$D=0.983-0.208\times\ln[1/(n/N)-0.115]$ $(R^2=0.99846)$

③—$D=0.911-0.207\times\ln[1/(n/N)-0.371]$ $(R^2=0.99774)$

根据上述分析结果可知，对应本文研究的 CSG 材料，在不考虑加载方式影响下，可确定 3 个参数的取值范围为：δ 值取 [0.4，1.0]，θ 值取 [0.08，0.21]，φ 值取 [0.10，1.02]。

6.4 本章小结

为研究 CSG 材料在循环荷载作用下动力学性能的劣化过程，在动力试验的基础上，讨论了 CSG 材料损伤变量的定义方法和非线性特征，对不同配合比的 CSG 试件在不同加载方式下的损伤过程进行了研究，得出以下结论：

（1）通过对当前关于损伤变量定义方法的研究分析，结合 CSG 材料的力学特点，给出了适合于 CSG 材料损伤变量的定义方法。

（2）根据损伤变量的定义，得出了 CSG 材料损伤的分布规律，即在不同的加载方式下，损伤与循环次数表现为三阶段特征，并与累积应变分布规律相对应；与应变的关系则表现为指数关系。这进一步说明 CSG 材料的损伤模型具有非线性特征。

（3）根据损伤规律的分布特征，提出了适合于 CSG 材料的三阶段非线性损伤模型，同时三阶段特征也反映了 CSG 材料内部原始缺陷的闭合、新裂纹萌生与扩展和不稳定扩展的 3 个发展阶段，说明了材料的破坏是一个损伤逐渐累积的过程；并分析了模型中参数的物理含义及各参数对曲线的影响，确定了 CSG 材料损伤模型的 3 个参数的取值范围。

（4）本章得出的三阶段非线性损伤演化模型不受加载方式的影响，将材料失效时的临界损伤值确定为 1，不需要引入假设，计算参数少，且便于确定，将其引入 CSG 材料的本构模型可进一步研究大坝损伤问题。

参 考 文 献

[1] 贾金生，刘宁，郑璀莹，等. 胶结颗粒料坝研究进展与工程应用 [J]. 水利学报，2016，47 (3)：315 - 323.

[2] RAPHAEL J M. The Optimum Gravity Dam [C]. Rapid Construction of Concrete Dams [J]. New York，ASCE，1970：221 - 244.

[3] RAPHAEL J M. Construction methods for soil - cement dam [C]. Economical Construction of Concrete Dam. New York：ASCE，1972：143 - 152.

[4] LONDE P. Discussion of the Question 62：New Developments in the Construction of Concrete Dams//16th ICOLD Congress [C]. San Francisco：June 1988.

[5] LONDE P，Lino M. The Faced Symmetrical Hardfill Dam：A New Concept for RCC [J]. International Water.

[6] 张镜剑，孙明权. 一种新坝型——超贫胶结材料坝 [J]. 水利水电科技进展，2007，27 (3)：32 - 34.

[7] 贾金生，郑璀莹，杨会臣. 胶凝砂砾石坝的设计准则研究 [C] //中国大坝协会 2013 学术年会暨第三届堆石坝国际研讨会本文集. 昆明：2013：111 - 118.

[8] 冯炜，贾金生，马锋玲. 胶凝砂砾石材料的特性探讨及工程应用 [C] //第三届全国特种混凝土技术及首届全国沥青混凝土技术学术交流会暨中国土木工程学会混凝土质量专业委员会 2012 年年会. 深圳：2012：40 - 44.

[9] 贾金生，马锋玲，李新宇，等. 胶凝砂砾石坝材料特性研究及工程应用 [J]. 水利学报，2006，37 (5)：578 - 582.

[10] UCHIMURA T，KURAMOCHI Y，B T. Material Properties of Intermediate Materials Between Concrete and Gravelly Soil [M] //Soil Stress - strain Behaviour：Measurement，Modeling and Analysis Geotechnical Symposium in Roma，March 16，2006.

[11] 孙明权，杨世锋，张镜剑. 超贫胶结材料本构模型 [J]. 水利水电科技进展，2007，27 (3)：35 - 37.

[12] Batmaz. Cindere Dam – 107m High Roller Compacted Hardfill Dam (RCHD) in Turkey [A] //Proceedings 4th International Symposium on Roller Compacted Concrete Dams [C]. Madrid：2003. 121 – 126.

[13] NAGAYAMA I. Development of the CSG Construction Method for Sediment Trap Dams [J]. Civil Engineering Journal，1999，41（7）：6 – 17.

[14] HIROSE T，FUJISAWA T，NAGAYAMA I，et al. Design Criteria for Trapezoid – shaped CSG Dams [C] // Proceedings of 69th ICOLD Annual Meeting. Dresden：2001：612 – 615.

[15] 贾金生，马锋玲，冯炜，等. 胶凝砂砾石配合比设计和防渗保护层研究 [C] //中国水利学会水工结构专业委员会第十次年会文集，南宁：2012：1 – 6.

[16] HIROSE T，FUJIAWA T，YOSHIDA H，et al. Concept of CSG and its material properties [A] //Proceedings 4th International Symposium on Roller Compacted Concrete Dams [C]. Madrid：17 – 19 November，2003：465 – 473.

[17] HIROSE T，FUJISAWA T，KAWASAKI H，et al. Design concept of trapezoid shaped CSG dam [C] //Proceedings 4th International Symposium on Roller Compacted Concrete Dams. Madrid：17 – 19 November，2003：457 – 464.

[18] FUJISAWA T，NAKAMURA A，KAWASAKI H. Material Properties of CSG for the Seismic Design of Trapezoid – shaped CSG Dam [C] //13th World Conference on Earthquake Engineering，Vancouver：1 – 6 August，2004：391.

[19] KONGSUKPRASERT L，TATSUOKA F，TATEYAMA M. Several factors affecting the strength and deformation characteristics of cement – mixed gravel [J]. Soils and Foundations，2004，45（3）：107 – 124.

[20] KONGSUKPRASERT L，SANO Y，TATSUOKA F. Compaetion – Induced Anisotropy in the Strength and Deformation Characteristics of Cement – Mixed Gravelly Soils [C] //Soil Stress – Strain Behavior：Measurement，Modeling and Analysis. Geotechnical Symposium in Roma，16 – 17 March，2006：479 – 490.

[21] LOHANI T N，KONGSUKPRASERT L，WATANABE K，et al. Strength and Deformation Properties of a Compacted Cement – mixed Gravel Evaluated by Triaxial Compression Tests [J]. Soils and Foun-

dations，2004，44（5）：95-108.

[22] HAERI S M，HSEN，HOSSEINI S M，Toll David G，et al. The Behavior of an Artificially Cemented Sandy Gravel [J]. Geotechnical and Geological Engineering，2005，（23）：537-560.

[23] ASGHARI E，TOLL D G，HAERI S M. Triaxial Behavior of a Cemented Gravely Sand，Tehran alluvium [J]. Geotechnical and Geological Engineering，2003，（21）：1-28.

[24] FUJISAWA T. 梯形 CSG 坝以及 CSG 的材料特性 [C] //中日韩大坝委员会第一次学术交流会. 西安：2004-10-8：69-79.

[25] Adl. M. R. The effect of calcite cementation on the mechanical behavior of gravely sands [C] //14th Asian Regional Conference on Soil Mechanics and Geotechnical Engineering，2011，May 23-27.

[26] 邢振贤，张正亚，王静，等. 超贫固结砂砾料碾压混凝土的合理水灰比 [J]. 人民长江. 2008，39（5）：72-73.

[27] 孙明权，彭成山，李永乐，等. 超贫胶结材料三轴试验 [J]. 水利水电科技进展，2007，27（8）：46-49.

[28] 彭成山，张学菊，孙明权. 超贫胶结材料特性研究 [J]. 华北水利水电学院学报，2007，28（2）：26-29.

[29] 李永乐，侯进凯，孙明权，等. 超贫胶结混凝土的力学特性试验研究 [J]. 人民黄河，2007，29（3）：59-60.

[30] 孙明权，等. 胶凝砂砾石材料力学特性、耐久性及坝型研究 [M]. 北京：中国水利水电出版社，2016.

[31] 王永胜. CSG 材料物理力学性能研究成果及施工工艺探讨 [J]. 西北水电，2009（2）：70-72.

[32] 唐新军，陆述远. 胶结堆石料的力学性能初探 [J]. 武汉水利电力大学学报，1997（6）：15-18.

[33] 李建成，曾力，何蕴龙，等. Hardfill 筑坝材料配合比试验研究 [J]. 水利发电学报，2010，29（2）：216-221.

[34] 冯炜，贾金生，马锋玲. 胶凝砂砾石材料配合比设计参数的研究 [J]. 水力水电技术，2013，44（2）：55-58.

[35] 刘录录，何建新，刘亮，等. 胶凝砂砾石材料抗压强度影响因素及规律研究 [J]. 混凝土，2013，（3）：77-80.

[36] 祝小靓，丁建彤，蔡跃波，等. 胶凝砂砾石弹性模量测试方法的试验研究 [J]. 水电能源科学，2015，33（7）：132-134.

[37] 祝小靓，丁建彤，蔡跃波，等. 胶凝砂砾石强度和弹性模量试验研究

[J]. 人民黄河，2016，38（3）：126-128.

[38] 杨杰，蔡新，宋小波. 基于大三轴试验的胶凝堆石料力学特性［J］. 水利水电科技进展，2014，34（4）：24-28.

[39] 李娜，何鲜峰，张斌，等. 基于大型三轴试验的胶凝堆石料力学特性试验研究［J］. 水力发电学报，2014，33（6）：202-208.

[40] 何蕴龙，刘俊林，李建成. Hardfill 筑坝材料应力-应变特性与本构模型研究［J］. 四川大学学报（工程科学版）2011，43（6）：40-47.

[41] 孙明权，刘运红. 非线性 K-G 模型对胶凝砂砾石材料的适应性［J］. 人民黄河，2013，35（7）：92-97.

[42] 蔡新，武颖利. 胶凝堆石料本构特性研究［J］. 岩土工程学报，2010，32（9）：1340-1344.

[43] 武颖利. 胶凝堆石坝坝料力学特性及大坝工作性态研究［D］. 南京：河海大学，2010.

[44] 刘俊林，何蕴龙，熊堃，等. Hardfill 材料非线性弹性本构模型研究［J］. 水利学报，2013，44（4）：451-461.

[45] 蔡新，杨杰，郭兴文，等. 一种胶凝砂砾石坝坝料非线性 K-G-D 本构新模型［J］. 河海大学学报（自然科学版），2014，42（6）：491-496.

[46] 吴梦喜，杜斌，姚元成，等. 筑坝硬填料三轴试验及本构模型研究［J］. 岩土力学，2013，32（8）：2241-2249.

[47] OMAE S, SATO N, OOMOTO I. Dynamic Properties of CSG［C］// Proceedings 4th international Symposium on Roller Compacted Concrete Dams. Madrid：2003：511-518.

[48] HAERI S M, SHAKERI M R, SHAHCHERAGHI S A. Evaluation of Dynamic Properties of a Calcite Cemented Gravely Sand［C］//Proceedings of the Geotechnical Earthquake Engineering and Soil Dynamics Ⅳ Congress 2008 – Geotechnical Earthquake Engineering and Soil Dynamics，2008，May 18-22.

[49] 张登祥，林梦溪，王春喜，等. 胶凝砂砾石材料动态力学性能及本构关系［J］. 长沙理工大学学报（自然科学版），2012，12（3）：83-90.

[50] 明宇，蔡新，郭兴文，等. 胶凝砂砾石料动力特性试验［J］. 水利水电科技进展，2014，34（1）：49-52.

[51] 傅华，陈生水，韩华强，等. 胶凝砂砾石料静、动力三轴剪切试验研究［J］. 岩土工程学报，2015，37（2）：357-362.

[52] 黄虎，黄凯，张献才，等. 循环荷载下胶凝砂砾石材料的滞后及阻尼效应［J］. 建筑材料学报，2018，21（5）：739-748.

[53] 田林钢，宗君正，黄虎，等. 胶凝砂砾石材料动力特性试验研究 [J]. 人民黄河，2018，40（9）：130-138.

[54] 明宇. 胶凝堆石坝坝料动力特性及大坝地震响应研究 [D]. 南京：河海大学，2013.

[55] 何蕴龙，肖伟，李平. Hardfill 坝横向地震反应分析的剪切楔法 [J]. 武汉大学学报（工学版），2008，41（4）：38-42.

[56] 于跃，张艳峰，何蕴龙，等. 基于剪切楔法的 Hardfill 坝自振特性和动力反应分析 [J]. 天津大学学报，2009，42（5）：327-334.

[57] 张劭华，何蕴龙，孙伟. 守口堡胶凝砂砾石坝抗震性能 [J]. 武汉大学学报（工学版），2016，49（2）：193-200.

[58] XIONG K，WENG Y H，HE Y L. Seismic Failure Modes and Seismic Safety of Hardfill Dam [J]. Water Science and Engineering，2013，6（1）：199-214.

[59] 蔡新，宋小波，杨杰，等. 胶凝堆石料动本构关系及动模量衰减模型 [J]. 水电能源科学，2013，31（12）：94-97.

[60] 郭兴文，明宇，杨杰，等. 基于新型本构模型的胶凝砂砾石坝抗震工作性态研究 [J]. 水电能源科学，2013，31（12）：90-93.

[61] 柴启辉，杨世锋，孙明权. 胶凝砂砾石材料抗压强度影响因素研究 [J]. 人民黄河，2016，38（7）：86-88.

[62] 孙明权，刘运红，陈娇娇，等. 胶凝砂砾石材料本构模型研究 [J]. 华北水利水电学院学报，2012，33（5）：13-15.

[63] 水工混凝土试验规程：SL 352—2006 [S]. 北京：中国水利水电出版社，2006.

[64] 土工试验规程：SL 237—1999 [S]. 北京：中国水利水电出版社，1999.

[65] 杨静，覃维祖. 粉煤灰对高性能混凝土强度的影响 [J]. 建筑材料学报，1999，2（3）：218-222.

[66] 胶结颗粒料筑坝技术导则：SL 678—2014 [S]. 北京：中国水利水电出版社，2014.

[67] 郑璀莹. 超贫胶结材料坝研究 [D]. 郑州：华北水利水电学院，2003.

[68] 亢晓龙. 粉煤灰对胶凝砂砾石力学性能的影响研究 [D]. 郑州：华北水利水电大学，2016.

[69] 杨世锋，柴启辉，孙明权. 胶凝材料对胶凝砂砾石材料抗压强度的影响 [J]. 人民黄河，2016，38（7）：92-94.

[70] 冯炜. 胶凝砂砾石坝筑坝材料特性研究与工程应用 [D]. 北京：中国水利水电科学研究院，2013.

[71] 吴平安. 胶凝砂砾石材料力学性能试验研究 [D]. 郑州：华北水利水电大学，2015.

[72] 葛修润，蒋宇，卢允德，等. 周期荷载作用下岩石疲劳变形特性试验研究 [J]. 岩石力学与工程学报，2003，22（10）：1581-1585.

[73] 章清叙，葛修润，黄铭，等. 周期荷载作用下红砂岩三轴疲劳变形特性试验研究 [J]. 岩石力学与工程学报，2006，25（3）：473-478.

[74] 水工碾压混凝土试验规程：SL 48—94 [S]. 北京：中国水利水电出版社，2006.

[75] 梁辉，彭刚，邹三兵，等. 循环荷载下混凝土应力-应变全曲线研究 [J]. 土木工程与管理学报，2014，31（4）：55-59.

[76] 孙明权，杨世锋，柴启辉. 胶凝砂砾石坝基础理论研究 [J]. 华北水利水电大学学报（自然科学版），2014，35（2）：43-46.

[77] HUANG H，ZHANG X C. Failure Mode Analysis of Cemented Sand and Gravel Material Dam [J]. Science of Advanced Materials，2018，10（9）：1286-1295.

[78] 杨世锋，柴启辉，孙明权. 胶凝砂砾石材料抗压强度与剪切强度关系研究 [J]. 人民黄河，2016，38（8）：86-88.

[79] 罗飞，赵淑萍，马巍，等. 分级加载下冻土动弹性模量的试验研究 [J]. 岩土工程学报，2013，35（5）：849-854.

[80] 郑永来，夏颂佑. 岩土回环类的动弹性模量的进一步研究 [J]. 岩土工程学报，1997，19（1）：75-78.

[81] 葛修润. 周期荷载下岩石大型三轴试件的变形和强度特性研究 [J]. 岩土力学，1987，8（2）：11-19.

[82] HOGNESTAD E，HANSON N W，MCHENRY D. Concrete Stress Distribution in Ultimate Strength Design [C] //ACI Journal Proceedings. ACI Journal，1955，52（12）：455-479.

[83] RUSCH H. Research Toward a General Flexural Theory for Structural Concrete [J]. ACI Journal，1960，57（1）：1-28.

[84] 过镇海. 混凝土的强度和变形试验基础和本构关系 [M]. 北京：清华大学出版社，1997：31-36.

[85] 肖建清，冯夏庭，丁德馨，等. 常幅循环荷载作用下岩石的滞后及阻尼效应研究 [J]. 岩石力学与工程学报，2010，29（8）：1677-1683.

[86] 席道瑛，陈运平，陶月赞，等. 岩石的非线性弹性滞后特征岩 [J]. 石力学与工程学报，2006，25（6）：1086-1093.

[87] 焦贵德，赵淑萍，马巍，等. 循环荷载下冻土的滞回圈演化规律 [J].

岩土工程学报，2013，5（7）：1343－1349.

[88] BRENNAN B J, STACEY F D. Frequency Dependence of Elasticity of Rock－test of Seismic Velocity Dispersion [J]. Nature, 1977, 268: 220－222.

[89] 吴世明. 土动力学 [M]. 北京：中国建筑工业出版社，2000：120－122.

[90] 水电水利工程土工试验规程：DL/T 5355—2006 [S]. 北京：中国电力出版社，2006.

[91] GUYER R A, JOHNSON P A. Nonlinear mesoscopic elasticity: evidence for a new class of materials [J]. Physics Today, 1999, 52: 30－36.

[92] MCCALL K R, GUYER R A. Equation of State and Wave Propagation in Hysteretic Nonlinear Elastic materials [J]. Journal of Geophysical Research, 1994, (99): 23887－23897.

[93] MAYERGOYZ I D. Hysteresis Models from the Mathematical and Control Theory Points of View [J]. J Appl Phys, 1985, 57 (1): 3803－3805.

[94] MAYERGOYZ I D. Mathematical Models of Hysteresis [J]. Physical Review Letters, 1986, 56 (15): 1518－1521.

[95] 关晶波，王建祥，赵永红，等. 滞后细观模型在岩石力学中的应用 [J]. 力学进展，2004，34（3）：349－359.

[96] 席道瑛，王鑫，陈运平. 描写岩石非线性弹性滞后和记忆的宏观模型 [J]. 岩石力学与工程学报，2005，24（13）：2212－2219.

[97] 陈运平，刘干斌，姚海林. 岩石滞后非线性弹性模拟的研究 [J]. 岩土力学，2006，27（3）：341－347.

[98] 席道瑛，徐松林，李廷，等. 岩石中微细观结构对外力和温度响应的概率研究 [J]. 岩石力学与工程学报，2007，26（1）：15－21.

[99] VAKHNENKO V O, VAKHNENKO O O, TENCATE J A, et al. Modeling of Stress－strain Dependences for Berea Sandstone under Quasistatic Loading [J]. Physical Review B, 2007, 76 (18): 184108.

[100] 杜赟，席道瑛，徐松林，等. 岩石非线性细观响应中孔隙液体的影响 [J]. 岩石力学与工程学报，2010，29（1）：209－216.

[101] 王新宇. 准静态条件下岩石和混凝土类材料非线性弹性行为研究 [D]. 西安：西安建筑科技大学，2016.

[102] HOLCOMB D J. Memory, Relaxation, and Microfracturing in Dilatants Rock [J]. Journal of Geophysical Research, 1981, 86 (B7): 6235－6248.

[103] GUYER R A, MCCALL K R, BOITNOTT G N. Hysteresis, Dis-

crete Memory, and Nonlinear Wave Propagation in Rock: A New Paradigm [J]. Physical Review Letters, 1995, 74 (17): 3491.

[104] GUYER R A, MCCALL K R, BOITNOTT G N, et al. Quantitative Implementation of Preisach – Mayergoyz Space to Find Static and Dynamic Elastic Module in Rock [J]. Journal of Geophysical Research, 1997, 102 (B3): 5281 – 5293.

[105] 杨更社, 刘慧. 基于CT图像处理技术的岩石损伤特性研究 [J]. 煤炭学报, 2007, 32 (5): 463 – 468.

[106] 李朝阳, 宋玉普, 赵国藩. 混凝土疲劳残余应变性能研究 [J]. 大连理工大学学报, 2001, 41 (3): 355 – 358.

[107] 赵明阶, 徐蓉. 岩石损伤特性与强度的超声波速研究 [J]. 岩土工程学报, 2000, 22 (6): 720 – 722.

[108] 赵奎, 金解放, 王晓军, 等. 岩石声速与其损伤及声发射关系研究 [J]. 岩土力学, 2007, 28 (10): 2105 – 2109, 2114.

[109] 张明, 李仲奎, 杨强, 等. 准脆性材料声发射的损伤模型及统计分析 [J]. 岩石力学与工程学报, 2006, 25 (12): 2493 – 2501.

[110] 金丰年, 蒋美蓉, 高小玲. 基于能量耗散定义损伤变量的方法 [J]. 岩石力学与工程学报, 2004, 23 (12): 1976 – 1980.

[111] LEMAITRE J. How to Use Damage Mechanics [J]. Nuclear Engineering and Design, 1984, 80 (2): 233 – 245.

[112] 谢和平, 鞠杨, 董毓利. 经典损伤定义中的"弹性模量法"探讨 [J]. 力学与实践, 1997, 19 (2): 1 – 5.

[113] KLIMAN V, Bilý M. Hysteresis Energy of Cyclic Loading [J]. Materials Science & Engineering, 1984, 68 (1): 11 – 18.

[114] 朱宏平, 徐文胜, 陈晓强, 等. 利用声发射信号与速率过程理论对混凝土损伤进行定量评估 [J]. 工程力学, 2008, 25 (1): 186 – 191.

[115] 张明, 李仲奎, 杨强, 等. 准脆性材料声发射的损伤模型及统计分析 [J]. 岩石力学与工程学, 2006, 25 (12): 2493 – 2501.

[116] 姚卫星. 结构疲劳寿命分析 [M]. 北京: 国防工业出版社, 2003.

[117] 吴富民. 结构疲劳强度 [M]. 西安: 西北工业大学出版社, 1985.

[118] 杨永杰, 宋扬, 楚俊. 循环荷载作用下煤岩强度及变形特征试验研究 [J]. 岩石力学与工程学报, 2007, 26 (1): 201 – 205.

[119] 李树春, 许江, 陶云奇, 等. 岩石低周疲劳损伤模型与损伤变量表达方法 [J]. 岩土力学, 2009, 30 (6): 1611 – 1614.

[120] 蒋宇, 葛修润, 任建喜. 岩石疲劳破坏过程中的变形规律及声发射特

性〔J〕. 岩石力学与工程学报，2004，23 (11)：1810 - 1814.

[121] 肖建清. 循环荷载作用下岩石疲劳特性的理论与实验研究〔D〕. 长沙：中南大学，2009.

[122] 肖建清，丁德馨，蒋复量，等. 岩石疲劳损伤模型的参数估计方法研究〔J〕. 岩土力学，2009，30 (6)：1635 - 1638.

图 2-2 动三轴仪液压控制器

图 2-3 动三轴荷载架及压力室

图 2-4 压力/体积控制器

图 2-5　骨料筛网及振动筛

（a）5～20mm 粒径　　　　　　　（b）20～40mm 粒径

图 2-6　不同粒径的粗骨料

图 2-7 胶凝砂砾石材料拌和料

图 2-8 试件养护

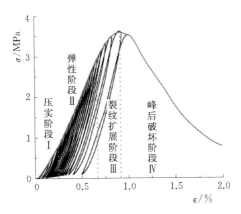

图 3-9 循环加卸载包络曲线
阶段划分图

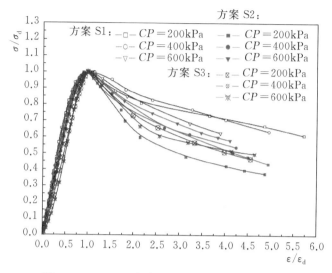

图 3-22　CSG 材料应力-应变无量纲曲线

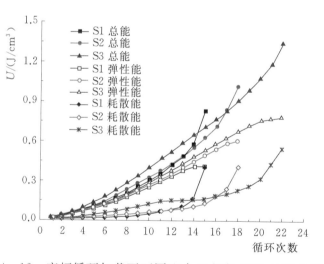

图 4-12　变幅循环加载下不同配合比方案 CSG 材料总能、
弹性能及耗散能与循环次数的关系

（a）S1 配合比方案

（b）S2 配合比方案

（c）S3 配合比方案

图 4-14 变幅循环荷载下不同配合比 CSG 材料破坏过程

（a）上限应力 2.0MPa

图 4-15（一） 等幅循环荷载下不同上限应力的 CSG 材料破坏过程

（S1 配合比方案）

（b）上限应力 2.05MPa

（c）上限应力 2.1MPa

图 4-15（二）　等幅循环荷载下不同上限应力的 CSG 材料破坏过程
（S1 配合比方案）

（a）上限应力 2.6MPa

（b）上限应力 2.8MPa

图 4-16（一）　等幅循环荷载下不同上限应力的 CSG 材料破坏过程
（S2 配合比方案）

（c）上限应力 3.0MPa

图 4-16（二）　等幅循环荷载下不同上限应力的 CSG 材料破坏过程
（S2 配合比方案）

（a）上限应力 3.55MPa

（b）上限应力 3.6MPa

（c）上限应力 3.7MPa

图 4-17　等幅循环荷载下不同上限应力的 CSG 材料破坏过程
（S3 配合比方案）

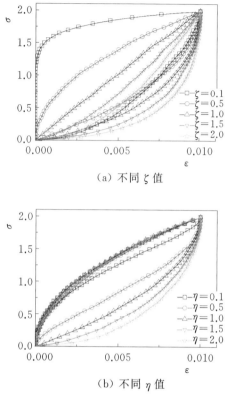

（a）不同 ζ 值

（b）不同 η 值

图 5-10 不同形态参数对应的 NME 材料应力-应变曲线

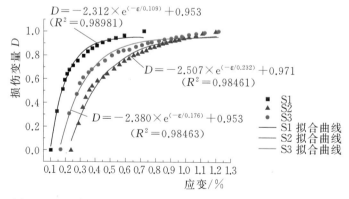

图 6-10 变幅循环荷载下不同配合比方案 CSG 材料的
损伤变量-应变关系

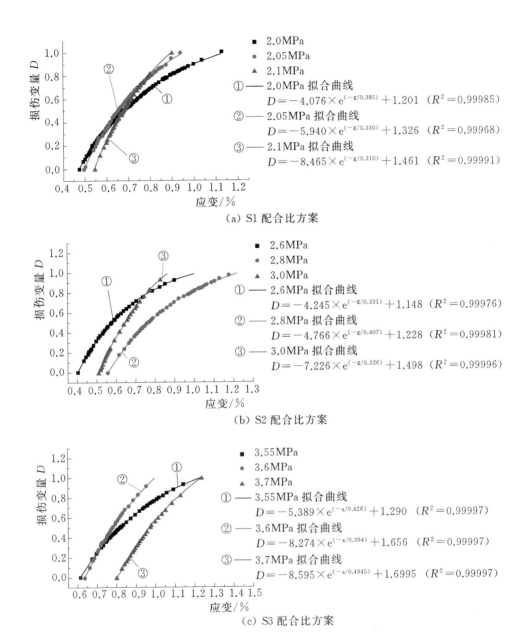

（a）S1 配合比方案

（b）S2 配合比方案

（c）S3 配合比方案

图 6-11　等幅循环荷载下不同配合比方案 CSG 材料的
损伤变量-应变关系

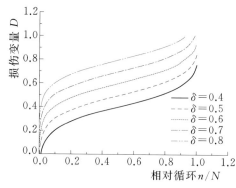

图 6 - 13　δ 对 CSG 材料损伤
模型曲线的影响

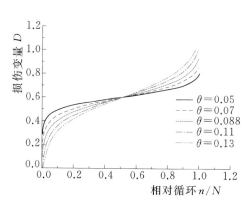

图 6 - 14　θ 对 CSG 材料损伤
模型曲线的影响

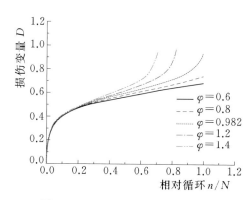

图 6 - 15　φ 对 CSG 材料损伤
模型曲线的影响

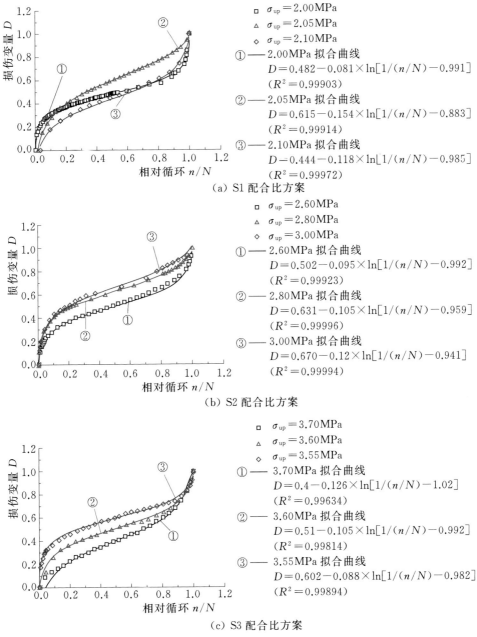

(a) S1 配合比方案

$\sigma_{up}=2.00\text{MPa}$

$\sigma_{up}=2.05\text{MPa}$

$\sigma_{up}=2.10\text{MPa}$

① —— 2.00MPa 拟合曲线
$D=0.482-0.081\times\ln[1/(n/N)-0.991]$
$(R^2=0.99903)$

② —— 2.05MPa 拟合曲线
$D=0.615-0.154\times\ln[1/(n/N)-0.883]$
$(R^2=0.99914)$

③ —— 2.10MPa 拟合曲线
$D=0.444-0.118\times\ln[1/(n/N)-0.985]$
$(R^2=0.99972)$

(b) S2 配合比方案

$\sigma_{up}=2.60\text{MPa}$

$\sigma_{up}=2.80\text{MPa}$

$\sigma_{up}=3.00\text{MPa}$

① —— 2.60MPa 拟合曲线
$D=0.502-0.095\times\ln[1/(n/N)-0.992]$
$(R^2=0.99923)$

② —— 2.80MPa 拟合曲线
$D=0.631-0.105\times\ln[1/(n/N)-0.959]$
$(R^2=0.99996)$

③ —— 3.00MPa 拟合曲线
$D=0.670-0.12\times\ln[1/(n/N)-0.941]$
$(R^2=0.99994)$

(c) S3 配合比方案

$\sigma_{up}=3.70\text{MPa}$

$\sigma_{up}=3.60\text{MPa}$

$\sigma_{up}=3.55\text{MPa}$

① —— 3.70MPa 拟合曲线
$D=0.4-0.126\times\ln[1/(n/N)-1.02]$
$(R^2=0.99634)$

② —— 3.60MPa 拟合曲线
$D=0.51-0.105\times\ln[1/(n/N)-0.992]$
$(R^2=0.99814)$

③ —— 3.55MPa 拟合曲线
$D=0.602-0.088\times\ln[1/(n/N)-0.982]$
$(R^2=0.99894)$

图 6-16 不同配合比方案 CSG 材料的损伤演化曲线

（等幅荷载）

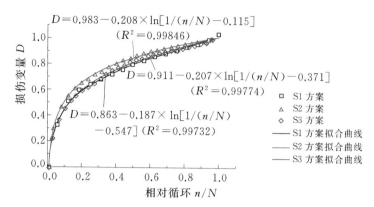

图 6-17　不同配合比方案 CSG 材料的损伤演化曲线
（变幅荷载）